React

引领未来的用户界面
开发框架

Developing a React Edge:
The JavaScript Library for User Interfaces

League of Extraordinary Developers 著

寸志 范洪春 杨森 陈涌 译

電子工業出版社
Publishing House of Electronics Industry
北京·BEIJING

内容简介

2014 年横空出世的由 Facebook 推出的开源框架 React.js，基于 Virtual DOM 重新定义了用户界面的开发方式，彻底革新了大家对前端框架的认识，将 PHP 风格的开发方式迁移到客户端应用开发。其优势在于可以与各种类库、框架搭配使用。本书是这一领域的首作，由多位一线专家精心撰写，采用一个全程实例全面介绍和剖析了 React.js 的方方面面，适合广大前端开发者、设计人员，及所有对未来技术趋势感兴趣者阅读。

版权贸易合同登记号　图字：01-2015-2166

图书在版编目（CIP）数据

React：引领未来的用户界面开发框架 / 卓越开发者联盟著；寸志等译. — 北京：电子工业出版社，2015.5
书名原文：Developing a React edge: the JavaScript library for user interfaces
ISBN 978-7-121-25936-4
I. ① R…II. ① 卓… ② 寸…III. ① 人机界面—程序设计 IV. ① TP311.1

中国版本图书馆 CIP 数据核字（2015）第 083125 号

责任编辑：徐津平
印　　刷：北京中新伟业印刷有限公司
装　　订：北京中新伟业印刷有限公司
出版发行：电子工业出版社
　　　　　北京市海淀区万寿路 173 信箱　　邮编 100036
开　　本：787×980　1/16　印张：14.25　字数：307 千字
版　　次：2015 年 5 月第 1 版
印　　次：2016 年 6 月第 6 次印刷
定　　价：65.00 元

凡所购买电子工业出版社图书有缺损问题，请向购买书店调换。若书店售缺，请与本社发行部联系，联系及邮购电话：(010) 88254888，88258888。

质量投诉请发邮件至 zlts@phei.com.cn，盗版侵权举报请发邮件至 dbqq@phei.com.cn。

服务热线：010-51260888　faq@phei.com.cn。

推荐序 1

时光回溯。2011 年我离开 Google 转而加入 Facebook，从事移动互联网（Mobile Web）的核心产品开发工作。

随着时间的推移，工作上逐渐取得了许多有意义的巨大进展，同仁们也都深以此为傲。然而不是所有的事情都进展得特别顺利。其中一个很大的问题与挑战就是因为 HTML5 的技术限制与性能瓶颈，许多产品的开发工作受到了限制。

2012 年 Facebook 公开了一件很多人深有体会却不想说出口的事实，那就是 HTML5 之类的 Web 技术并未成熟到能够担任产品开发工具重任的程度。在很多方面，使用原生代码（native code）开发仍然是必要的选项。

对于很多包括我在内的 Mobile Web 开发者来说，这样的情况是一个让人失望却又不得不接受的事实。

2013 年年初，我离开工作两年多的移动互联网开发部门，转而投入广告部门，从事桌面富客户端（Rich App Client Application）的开发工作。

虽然 Mobile Web 的进展不如预期理想，但此时在 Desktop Web 方面，事情却有了有意思的变化。

当时我参与的新项目主要是要使用一种叫作 React 的新平台技术，将当时广告部门的一个主要产品重构。项目的有趣之处在于，产品的视觉外观与功能将不会也不能有任何变化，但是内部执行的代码将会是以 React 打造的。

由于项目的目标为实际上线且对公司营收有重要影响的产品，所以项目的挑战除了在于应用 React 这门新技术之外，维持产品本身的稳定当然也是不可妥协的目标。

所幸，项目顺利达标，而同仁们也对于 React 这门技术有了更丰富的经验与更强的信心。就连 React 本身也快速吸收众人的回馈，快速演进。

我从事 Web 前端开发工作已经十年，有幸亲身经历众多重大的技术变革与范式转移。我可以负责任也很喜悦地说，作为一门新生技术，React 及其相关工具对于从事 Web 开发的人来说，将会产生巨大且革命性的影响。

虽说 React 初始是为了解决 Facebook 广告部门在产品开发上遇到的很多实际问题，但实际应用的层面却非常广泛。

2015 年 Facebook 也开源了 React Native，让 React 能够在 iOS 移动终端执行（对 Android 的平台支持预计为 2015 年年底）。

由于 React 的特殊设计，React 消弥了客户端与服务器端的开发界线。最近的发展则更进一步衍生到 Mobile Native App 与其他非传统 Web（HTML+ CSS）的执行环境。

无论你是有多年经验的开发者，或者是刚入门的新人，此时选择 React 都会是一个很好的选择。

React 可以解决很多传统 Web 开发架构碰到的艰难问题，同时由于它是一门新生技术，开发者将更有机会掌握一门强大的开发工具，解决更深入的艰难问题并提升产品开发的质量与境地。

由于 React 问世不久，相关的出版物并不多。主要的参考数据与文件都在互联网上。至于中文化的出版物就更难得了。对于有实体文字参考需求的读者来说，本书很值得参考。

作为一本入门书籍，本书提供基本但足够的范例与介绍，着重在实际的代码与操作应用，可以让读者快速学习 React 的相关知识与技术，并实际打造可执行的程序。

相信对于需要使用 React 开发的人来说，这将会是一本不错的入门参考。

必须要补充的是，目前由于 React 还在 Beta 版本阶段，本书的内容主要是以 v0.12 为主。目前公开的最新版本为 v0.13，书中提到的 API 将会略有差异，细节方面可以在它的官方网站（*https://facebook.github.io/react/blog/2015/02/24/streamlining-react-elements.html*）上查询。

Hedger Wang

Facebook 资深前端工程师

过去十年曾先后在 Yahoo! 与 Google 担任软件工程师

现就职于 Facebook，负责 React Native 产品的相关开发工作

推荐序 2

组件化一直是前端领域的圣杯。我至今依旧记得自己初次接触 YUI-Ext 时，被其精致的组件和优雅的设计深深震撼的场景。之后随着 ExtJS 的发布，我在很长时间内都痴迷于探索 ExtJS 深邃的继承层次与架构，并由此进入了前端行业。

ExtJS 作为一个企业级框架，借鉴了 Java 的 Swing 设计，同 Java 一样有着教科书般的学院风格，也同 Swing 一样注定曲高和寡。在快速变化的互联网领域，ExtJS 犹如一条大船行驶在激流中，每一次调头都非常艰难。同时代的不少互联网企业也开源了自己的前端类库，包括 YUI、Closure Library、KISSY、Arale 等，它们同样有着不错的组件设计，但思路和 ExtJS 并无显著不同，只不过更加轻量化。

传统组件化的特点是把组件和原生 DOM 节点的渲染割裂起来，要么如 ExtJS 一样抛弃原生 DOM 节点，要么就在原生 DOM 节点渲染后再渲染自定义组件。现代的组件架构鼓励原生 DOM 节点和自定义组件的统一渲染融合，比如 React 以及未来的 Web Components 规范。

React 最为人称道的是，它是一个专注于组件架构的类库。API 很少，理念也很简单，使用 React 可以非常快速地写出和原生 DOM 标签完美融合的自定义组件（标签），并且能够高效渲染。而想要真正使用好 React，我们必须跳出以往的思维，拥抱 React 的理念和思想，比如状态、虚拟 DOM、组合优于继承、单向数据流等。React 的简单抽象和专注，使得 React 可以更容易与其他各种技术结合。因为 React 的简单抽象，我们终于可以脱离浏览器中充满敌意的 DOM 环境，从而使得组件也可以运行在服务器端、Native 客户端等各种底层平台。令人惊奇的是，这种抽象泄漏非常少，必要时可以很方便地跳出 React 的抽象而直接操纵 DOM 等底层平台。因为 React 专注于组件架构，所以模块系统可以直接采用 CommonJS，测试框架可以使用 Mocha 或 Jasmine 等，生态圈则可以直接依托 npm，工具可以采用现成的 Browserify 或 webpack，我们不必受制于任何单一技术，这非常符合 Web 的开放本质。

在本书中，作者不仅完整地介绍了 React 本身的方方面面，用通俗的语言和简洁的例子阐述了 React 的开发理念，还介绍了一套基于 React 以及业界其他优秀技术的最佳实践，相信读者在看完本书后能够快速将其中的知识应用于项目开发。React 目前处于快速发展时期，在本书发行后，又增加了不少吸引人的新特性，加大了和 ES6 的进一步整合，从而进一步减少了需要学习的 API，大家在看完本书后可以持续关注 React 社区的最新发展动态。值得注意的是，业界基于 React 的优秀组件与传统组件相比仍然严重不足，这对我们来说是一个很好的机会——有机会可以向业界发出中国的声音。积极学习业界的先进技术，未来我们一定能在前端类库领域创造出让业界称赞的东西。

何一鸣（承玉）

蚂蚁金服技术专家

前 KISSY 核心开发者，现 React 爱好者

推荐序 3

React 是一种革命性的 UI 组件开发思路。

在此之前，我们所见到的 JavaScript 框架开发思路几乎是同质的。框架为开发者提供一套组件库，业务开发基于组件库提供的组件来进行就可以了。

而在 UI 组件架构里，有几个特点需要注意：一是越靠近用户端变化越快，用枚举组件的思路在高速迭代快速变化的互联网中开发，将会使 UI 组件库逐渐变得臃肿和难以维护。二是组件开发不再是五六年前那样一穷二白的初始状态，现今行业里组件百花齐放，可选面非常广，即使当下找不到非常匹配的组件，进行自研的成本也不高。三是 UI 组件受具体业务场景的约束。

因此，各大互联网公司在组件上都尽可能地采取自研或统一组织组件库。而组件库在公司级别难抽象，对整体技术的挑战比较大，且收效不确定。于是只能将组件场景定位到更具体的某一类型的业务线再进行抽象。从而让组件库变得轻量、灵活。

开发架构的理想态是"同构"。用相同的内部机制与结构将开发变得透明且测试可控。这在 React 里表现得很明显。它的设计非常大胆，一开始就没有将枚举组件功能作为重点，而是以"同构"的理想架构为起点——将原本的 DOM 操作接管，提出 Virtual DOM、单向数据流，用很少的接口覆盖在组件开发的生命周期上，采取声明式的语法等。实现了一个纯粹的组件"引擎"。

另一方面，React 的思路也可作为连接"异构端"的组件入口。现在，用 React + native 就可以实现 React- native；用 React + canvas 就可以实现一套基于 canvas 的高性能的 Web UI 组件；最近，我还尝试了 React + WebComponents，将两者的优势进行融合。

可见，React 的思路为开发创造了非常大的想象空间。

本书内容围绕示例展开，书中还涵盖了 React 的周边信息，为读者提供了较为全面和丰富的 React 讲解。通过阅读本书，读者能够学会如何将 React 运用到实际开发中去。另外，我建议大家不仅要学习 React 的应用如何实现组件，更重要的是通过书中的实例理解 React 的设计思路。可以预见，React 未来将会影响整个用户端 UI 组件的开发。希望能有更多的人了解 React 的开发思路，大家携手共建 React 的组件生态。

刘平川（rank）

现美团网架构师，React 爱好者

前百度 FEX 创立者及负责人

前言

React 是什么，为什么要使用它

React 是 Facebook 内部的一个 JavaScript 类库，已于 2013 年开源，可用于创建 Web 用户交互界面。它引入了一种新的方式来处理浏览器 DOM。那些需要手动更新 DOM、费力地记录每一个状态的日子一去不复返了——这种老旧的方式既不具备扩展性，又很难加入新的功能，就算可以，也是冒着很大的风险。React 使用很新颖的方式解决了这些问题。你只需声明式地定义各个时间点的用户界面，而无须关心在数据变化时需要更新哪一部分 DOM。在任何时间点，React 都能够以最小的 DOM 修改来更新整个应用程序。

本书内容

React 引入了一些激动人心的新概念，向现有的一些最佳实践发起了挑战。本书将会带领你学习这些概念，帮助你理解它们的优势，创建具备高扩展性的单页面应用（SPA）。

React 把主要的注意力放在了应用的"视图"部分，没有限定与服务端交互和代码组织的方式。在本书中，我们将介绍目前的一些最佳实践及配套工具，帮助你使用 React 构建一个完整的应用。

本书面向的读者

为了更好地掌握本书的内容，你需要有 JavaScript 和 HTML 相关开发经验。倘若你做过 SPA 应用（什么框架不重要，Backbone.js、Angular.js 或者 Ember.js 都可以）那更好，但这不是必需的。

源码和示例

一些来自示例项目问卷制作工具的代码片段会贯穿在整本书中。你可以在*https://github.com/backstopmedia/bleeding-edge-sample-app*上找到完整的代码。

编写过程

我们把本书当作一本虚拟的电子书编写，用一到两个月的时间快速迭代。这种方式有助于创建新鲜及时的内容，而传统书籍往往无法覆盖最新的趋势和技术。

作者

本书由一个团队编写而成，这个团队的成员都是一些经验丰富且专注于 JavaScript 的开发者。

Tom Hallett 是一位高级 Ruby 和 JavaScript 工程师，在 Tout.com 工作（Tout.com 是一个实时视频平台，办公地点在旧金山）。他是 jasmine-react 的作者，jasmine-react 是一个开源的类库，旨在帮助开发者使用测试框架 Jasmine 测试 React 应用程序。在 Twitter (@tommyhallett) 和 Github (@tommyh) 上都可以找到他。他的爱好是打水球，以及与妻子和儿子待在一起。

Richard Feldman 是旧金山教育科技公司 NoRedInk 的前端工程师。他是一个函数式编程爱好者，会议发言人，还是 seamless-immutable 的作者。seamless-immutable 是一个开源类库，可以提供不可变的数据结构，向后兼容普通的 JavaScript 对象和数组。Richard 在 Twitter 和 Github 上都叫 @rtfeldman。

Simon Højberg 是一个高级 UI 工程师，在罗德岛普罗维登斯市的 Swipely 公司工作。他是普罗维登斯市线下 JS 见面会的核心组织者，之前还是波士顿创业学院的 JavaScript 讲师。他一直在使用 JavaScript 开发功能性的用户界面，也会开发一些像 cssarrow-please.com 这样的业余项目。Simon 的 Twitter 是 **@shojberg**。

Karl Mikkelsen 是 LockedOn 的一位高级 PHP 和 JavaScript 工程师，工作是开发外观漂亮且功能强大的房地产软件。Karl 对新技术充满热情，喜欢学习以不同的方式做事。如果你在网上（*http://karlmikko.com*）找不到他，那他很可能在和妻子攀岩或者在喝咖啡。

Jon Beebe 在 Dave Ramsey 的数字开发团队里开发应用，专注于一些面向用户的技术，例如 Web 和 iOS。在这之前，他开发过 PHP Web 服务，也为 Final Cut Pro 和 Motion 写过插件。他以能够把艺术和代码结合到一起为乐。他的网名是 **@bejonbee**。他自诩是一个热衷阅读的人，喜欢摄影，并且以超出妻子的日常期望为自己的目标。

Frankie Bagnardi 是一位高级前端工程师，为多种不同的客户端创造用户体验。在业余时间里，他会在 StackOverflow（FakeRainBrigand）和 IRC（GreenJello）上回答问题，或者开发一些小项目。你可以通过 *f.bagnardi@gmail.com* 联系他。

目录

第 1 章

React 简介

背景介绍

在 Web 应用开发的早期，构建 Web 应用的唯一方案就是向服务器发送请求，然后服务端响应请求并返回一个完整的页面。从开发角度上讲这种方式非常简单，因为开发者无须关心在浏览器端发生了什么。

像 PHP 这类语言更加简化了这种开发方式。使用 PHP 开发功能组件也很容易，这有助于开发者重用代码，掌控应用程序的行为。开发的简单性使得 PHP 成为了一门非常流行的 Web 应用开发语言。

不过，使用这种开发方式很难打造出极佳的用户体验。因为无论每次用户想做点什么，都需要向服务端发送请求并等待服务端的响应，这会导致用户失去在页面上所积累的状态。

为了实现更好的用户体验，人们开始开发类库，使用 JavaScript 在浏览器端渲染应用。这些类库使用的方法也不尽相同，简单的会使用带参数的模板，复杂的就完全掌控整个应用。随着开发者在越来越大的应用中使用这些类库，应用也变得越来越难于把握，因为这些应用是一系列互相作用的事件的结果。与 PHP 那样传统的应用开发方式比起来，这种客户端应用很难做好。

React 发源自 Facebook 的 PHP 框架 XHP 的一个分支。XHP 作为一个 PHP 框架，旨在每次有请求进来时渲染整个页面。React 的产生就是为了把这种重新渲染整个页面的 PHP 式工作流带到客户端应用中来。

React 本质上是一个"状态机"，可以帮助开发者管理复杂的随着时间而变化的状态。它以一个精简的模型实现了这一点。React 只关心两件事：

1. 更新 DOM
2. 响应事件

React 不处理 Ajax、路由和数据存储，也不规定数据组织的方式。它不是一个 Model-View-Controller 框架。如果非要问它是什么，它就是 MVC 里的"V"。React 的精简允许你将它集成到各种各样的系统中。事实上，它已经在数个 MVC 框架中被用来渲染视图了。

在每次状态改变时，使用 JavaScript 重新渲染整个页面会异常慢，这应该归咎于读取和更新 DOM 的性能问题。React 运用一个虚拟的 DOM 实现了一个非常强大的渲染系统，在 React 中对 DOM 只更新不读取。

React 就像高性能的 3D 游戏引擎，以渲染函数为基础。这些函数读入当前的状态，将其转换为目标页面上的一个虚拟表现。只要 React 被告知状态有变化，它就会重新运行这些函数，计算出页面的一个新的虚拟表现，接着自动地把结果转换成必要的 DOM 更新来反映新的表现。

乍一看，这种方式应该比通常的 JavaScript 方案——按需更新每一个元素——要慢，但 React 确实是这么做的：它使用了非常高效的算法，计算出虚拟页面当前版本和新版间的差异，基于这些差异对 DOM 进行必要的最少更新。

React 赢就赢在最小化了重绘，并避免了不必要的 DOM 操作，这两点都是公认的性能瓶颈。

用户界面越复杂，就越容易发生这样的情况——一个用户交互触发一个更新，而这个更新触发另外一个更新，一个接一个。如果没有恰当地把这些更新放到一起的话，性能就会大幅度降低。更糟糕的是，有时候 DOM 元素在达到最终状态前，会被更新好多次。

React 的虚拟表示差异算法，不但能够把这些问题的影响降到最低（通过在单个周期内进行最小的更新），还能简化应用的维护成本。当用户输入或者其他更新导致状态改变时，我们只要简单地通知 React 状态改变了，它就能自动化地处理剩下的事情。我们无须深入到详细的过程之中。

React 在整个应用中只使用单个事件处理器，并且会把所有的事件委托到这个处理器上。这一点也提升了 React 的性能，因为如果有很多事件处理器也会导致性能问题。

> 我们有一个贯穿全书的示例项目，一个问卷制作工具，你可以在 *https: //github.com/backstopmedia/bleeding-edge-sample-app* 阅读全部源码。

本书概览

本书将分四个大块进行讲述，帮助你在开发时充分发挥 React 的优势。

Component 的创建和复合

本书的前 7 章都与 React 组件的创建和复合相关。这些章节将帮助你搞清楚如何使用 React。

第 1 章 React 简介

React 介绍，包括背景介绍及全书概览。

第 2 章 JSX

JSX（JavaScript XML）提供了一种在 JavaScript 中编写声明式的 XML 的方法。这一章将学习如何在 React 中使用 JSX，学习如何构建简单的 React Component。虽然对 React 来说 JSX 不是必需的，但因为这是一种推荐的用法，因此本书的大部分例子都会使用 JSX。

第 3 章 组件的生命周期

在渲染过程中，React 会频繁地创建或者销毁组件。React 提供了很多可被注入到组件生命周期中的钩子函数。你需要了解并理解如何管理组件的生命周期，避免在应用中产生内存泄漏。

第 4 章 数据流

在 React 中，数据是如何在组件树中从上向下传递的？哪些数据可以修改？搞清楚这些问题是非常重要的。React 的 props 和 state 有明确的区别。这一章将学习 *props* 和 *state* 是什么，以及怎样在应用中正确地使用它们。

第 5 章 事件处理

React 的事件处理采用声明的方式。对于交互式的界面，事件处理是非常重要的一部分，也是必须学习并掌握的。还好 React 提供的事件处理方案非常简单。

第 6 章 组件的复合

React 鼓励创建小巧且有明确功能的组件来处理特定需求，再在应用中创建复合层来组合使用这些组件。这一章将学习如何在其他组件中使用已有的组件。

第 7 章 mixin

mixin 是 React 提供的另外一种在多个 React 组件中共享功能的方式。mixin 还是另外一种将组件拆为更小、更易维护的部分的方式。

进阶

一旦掌握了 React 的基础，就可以继续学习一些高级的主题。接下来的 6 章有助于进一步打磨 React 技巧，搞清楚如何创建优秀的 React 组件。

第 8 章 DOM 操作

尽管 React 提供了基于虚拟 DOM 的各种功能，有时候你还是需要访问应用程序中原生的 DOM 节点。这样就可以利用现有的一些 JavaScript 类库，或者可以更加自由地控制你的组件。本章将告诉你在 React 组件生命周期的哪些节点上可以安全地访问 DOM，在什么时候应该释放对 DOM 的控制，避免内存泄漏。

第 9 章 表单

接受用户输入的最佳方式之一就是使用 HTML 表单。但有一个问题，HTML 表单是有状态的。React 提供了一种方案，可以把大部分状态从表单移入到 React 组件中。这为我们提供了对表单元素的不可思议的控制力。

第 10 章 动画

作为 Web 开发者，我们手里已经有了一个声明式且性能强劲的动画工具：CSS。React 鼓励使用 CSS 实现动画。本章介绍在 React 中如何利用 CSS 给组件添加动画。

第 11 章 性能优化

React 的虚拟 DOM 虽然创造性地提升了性能，但是性能还有继续提升的空间。React 提供了这样一种方式，即当你知道组件没有变化时，可以告诉渲染器无须重新渲染你的组件。通过这种方法可以大幅度地提高应用的速度。

第 12 章 服务端渲染

很多应用都要求进行 SEO，恰好 React 可以像 Node.js 那样在非浏览器环境中渲染。服务端渲染还可以提升应用首页的加载速度。编写同时支持服务端和客户端渲染的应用可能有些困难。本章将提供一些同构渲染的策略，指出在做服务端渲染时，你将碰到哪些具有挑战的关注点。

第 13 章 周边类库

Facebook 开源了 React——其内部使用的所有框架的组成部分。一段时间以来，很多其他的类库也被 Facebook 开源出来，它们可以无缝地与 React 一起使用。这一章将会介绍如何把这些类库与 React 组合到一起。

React 工具

React 有很多很棒的开发工具和测试框架。学会使用这些工具有助于你编写出更健壮的程序。这部分将分成工具和测试两章进行介绍。

第 14 章 开发工具

React 应用变大后，不但需要某种方式自动打包代码进行开发，而且调试程序也变得更加困难。在本章中，你将了解有哪些工具可以用来构建和打包 React 应用，学习如何使用 Google Chrome Plugin 来可视化你的 React 组件，简化调试。

第 15 章 测试

随着应用逐渐变大，为了确保不向已有的可用代码中引入新的问题，编写测试是重要的一部分。因为测试鼓励编写模块化的代码，所以有助于写出更好的代码。本章将带着你学习如何全面地测试 React 组件。

React 实践

最后两章介绍使用 React 时要注意哪些方面，以及其他你可能没有想到的使用场景。

第 16 章 架构模式

React 只提供了"MVC"里面的"V"，但是它非常灵活，可以作为其他框架或者系统的插件使用。本章将带着你学习使用 React 来设计更大规模的应用。

第 17 章 其他使用场景

尽管 React 把注意力放在 Web 上，但是也可以应用在其他支持 JavaScript 的场景下。本章将介绍一些除传统的 Web 之外的使用场景。

第2章

JSX

在 React 中，组件是用于分离关注点的，而不是被当作模板或处理显示逻辑的。在使用 React 时，你必须接受这样的事实，那就是 HTML 标签以及生成这些标签的代码之间存在着内在的紧密联系。该设计允许你在构建标签结构时充分利用 JavaScript 的强大能力，而不必在笨拙的模板语言上浪费时间。

React 包含了一种可选的类 HTML 标记语言。不过在继续之前，我们要先说清楚一件事——对于那些厌恶在 JavaScript 中写 HTML 标签以及那些还不明确 JSX 用处的人，请考虑在 React 中使用 JSX 的下列好处：

- 允许使用熟悉的语法来定义 HTML 元素树。
- 提供更加语义化且易懂的标签。
- 程序结构更容易被直观化。
- 抽象了 React Element 的创建过程。
- 可以随时掌控 HTML 标签以及生成这些标签的代码。
- 是原生的 JavaScript。

在本章里我们会探索 JSX 的诸多优点，如何使用 JSX，以及将它与 HTML 区分开来的一些注意事项。记住，JSX 并不是必需的。如果你决定不使用它，则可以直接跳到本章的结尾了解在 React 中不使用 JSX 的一些小提示。

什么是 JSX

JSX 即 JavaScript XML——一种在 React 组件内部构建标签的类 XML 语法。React 在不使用 JSX 的情况下一样可以工作，然而使用 JSX 可以提高组件的可读性，因此推荐你使用 JSX。

举个例子，在不使用 JSX 的 React 程序中创建一个标题的函数调用大概是这个样子：

```
// v0.11
React.DOM.h1({className: 'question'}, 'Questions');

// v0.12
React.createElement('h1', {className: 'question'}, 'Questions');
```

如果使用了 JSX，上述调用就变成了下面这种更熟悉且简练的标签：

```
<h1 className="question">Questions</h1>
```

与以往在 JavaScript 中嵌入 HTML 标签的几种方案相比，JSX 有如下几点明显的特征：

1. JSX 是一种句法变换——每一个 JSX 节点都对应着一个 JavaScript 函数。
2. JSX 既不提供也不需要运行时库。
3. JSX 并没有改变或添加 JavaScript 的语义——它只是简单的函数调用而已。

与 HTML 的相似之处赋予了 JSX 在 React 中强大的表现力。下面我们将要讨论使用 JSX 的好处以及它在程序中发挥的作用，同时还会讨论 JSX 与 HTML 的关键区别。

使用 JSX 的好处

当讨论 JSX 时，很多人会问到的问题就是——为什么要用它，为什么在已经有那么多模板语言的情况下还要使用 JSX，为什么不直接使用原生的 JavaScript。毕竟，JSX 最后只是被简单地转换成对应的 JavaScript 函数而已。

使用 JSX 有很多好处，而且这些好处会随着代码库的日益增大、组件的愈加复杂而变得越来越明显。我们来看看这些好处究竟是什么。

更加熟悉

许多团队都包括了非开发人员，例如熟悉 HTML 的 UI 及 UX 设计师和负责完整测试产品的质量保证人员。使用 JSX 之后，这些团队成员都可以更轻松地阅读和贡献代码。任何熟悉基于 XML 语言的人都能轻松地掌握 JSX。

此外，由于 React 组件囊括了所有可能的 DOM 表现形式（后续详细解释），因此 JSX 能巧妙地用简单明了的方式来展现这种结构。

更加语义化

除了更加熟悉外，JSX 还能够将 JavaScript 代码转换为更加语义化、更加有意义的标签。这种设计为我们提供了使用类 HTML 语法来声明组件结构和数据流向的能力，我们知道它们后续会被转换为原生的 JavaScript。

JSX 允许你在应用程序中使用所有预定义的 HTML5 标签及自定义组件。稍后会讲述更多关于自定义组件的内容，而这里只是简单地说明 JSX 是如何做到让 JavaScript 更具可读性的。

举个例子，让我们设想一个 Divider 元素，它会渲染出一个位于左边的标题和一个撑满右边的水平分割线。这个 Divider 的 HTML 结构大概是下面的样子：

```
<div className="divider">
  <h2>Questions</h2><hr />
</div>
```

把上面的 HTML 包裹进一个 Divider React Component 后，你就可以像使用其他任何 HTML 元素一样使用它了。相比原生的 HTML，Divider 提供了更丰富的语义。

```
<Divider>Questions</Divider>
```

更加直观

即使像上述例子一样的小组件，JSX 也能让它更加简单、明了、直观。在有上百个组件及更深层标签树的大项目中，这种好处会被成倍地放大。

下面是前面提到的 Divider 组件。我们注意到在函数作用域内，使用 JSX 语法的版本与使用原生 JavaScript 相比，其标签的意图变得更加直观，可读性也更高。

以下是原生 JavaScript 版本：

```
// v0.11
render: function () {
    return React.DOM.div({className:"divider"},
      "Label Text",
      React.DOM.hr()
    );
}
```

```
// v0.12
render: function () {
    return React.createElement('div', {className:"divider"},
        "Label Text",
        React.createElement('hr')
    );
}
```

以下是使用 JSX 的版本：

```
render: function () {
    return <div className="divider">
        Label Text<hr />
    </div>;
}
```

很多人都认为 JSX 版本更加易懂，也更容易调试。

抽象化

注意，在前面的几个例子中，我们提供了 React 0.11 和 React 0.12 两个不同版本的 JavaScipt 代码，而 JSX 在两个版本中都能正常运行。这是因为 JSX 的编译器抽象了将标签转换为 JavaScript 的过程。对于使用 JSX 的人来说，从 React 0.11 升级到 React 0.12 是无痛的——不需要修改任何代码。

虽然不是灵丹妙药，但 JSX 提供的抽象能力确实能够减少代码在项目开发过程中的改动。

关注点分离

最后，也是 React 的核心，旨在将 HTML 标签以及生成这些标签的代码内在地紧密联系在一起。在 React 中，你不需要把整个应用程序甚至单个组件的关注点分离成视图和模板文件。相反，React 鼓励你为每一个关注点创造一个独立的组件，并把所有的逻辑和标签封装在其中。

JSX 以干净且简洁的方式保证了组件中的标签与所有业务逻辑的相互分离。它不仅提供了一个清晰、直观的方式来描述组件树，同时还让你的应用程序更加符合逻辑。

复合组件

目前为止，我们已经看到了使用 JSX 的若干好处，同时也看到了它是如何用简洁的标记格式来表示一个组件的。下面我们看看 JSX 如何帮我们组装多个组件。

这个小节包含了以下内容：

- 在 JavaScript 文件中包含 JSX 的准备工作。
- 详细说明组件的组装过程。
- 讨论组件的所有权以及父/子组件关系。

我们开始依次探索。

定义一个自定义组件

继续来看我们之前提到的分页组件，下面再次列出我们期望输出的 HTML。

```
<div className="divider">
  <h2>Questions</h2><hr />
</div>
```

要将这个 HTML 片段表示为 React Component，你只需要把它像下面这样包装起来，然后在 render 方法中返回这些标签。

```
var Divider = React.createClass({
  render: function () {
    return (
      <div className="divider">
        <h2>Questions</h2><hr />
      </div>
    );
  }
});
```

当然目前这还只是一个一次性的组件。要让这个组件变得实用，还需要一种将 h2 标签中的文本表示出来的动态方法。

使用动态值

JSX 将两个花括号之间的内容 {...} 渲染为动态值。花括号指明了一个 JavaScript 上下文环境——你在花括号中放入的任何东西都会被进行求值，得到的结果被渲染为标签中的若干节点。

对于简单值，比如文本或者数字，你可以直接引用对应的变量。可以像下面这样渲染一个动态的 h2 标签：

```
var text = 'Questions';
<h2>{text}</h2>
```

```
// <h2>Questions</h2>
```

对于更复杂的逻辑，你可能更倾向于将其转化为一个函数来进行求值。可以通过在花括号中调用这个函数来渲染期望的结果：

```
function dateToString(d) {
  return [
    d.getFullYear(),
    d.getMonth() + 1,
    d.getDate()
  ].join('-');
};
```

```
<h2>{dateToString(new Date())}</h2>
```

```
// <h2>2014-10-18</h2>
```

React 通过将数组中的每个元素渲染为一个节点的方式对数组进行自动求值。

```
var text = ['hello', 'world'];
<h2>{text}</h2>
```

```
// <h2>helloworld</h2>
```

比起简单值，我们通常希望渲染一些更复杂的数据。比如说，你可能希望把数组中的所有数据渲染为若干个 `<li>` 元素。这就要说到子节点了。

子节点

在 HTML 中，使用 <h2>Questions</h2> 来渲染一个 header 元素，这里的 "Questions" 就是 h2 元素的子文本节点。而在 JSX 中，我们的目标是用下面的方式来表示它：

<Divider>Questions</Divider>

React 将开始标签与结束标签之间的所有子节点保存在一个名为 this.props.children 的特殊组件属性中。在这个例子中，this.props.children == ["Questions"]。

掌握了这一点后，你就可以将硬编码的 "Questions" 换为变量 this.props.children 了。现在 React 会把你放在 <Divider> 标签之间的任何东西渲染出来。

```
var Divider = React.createClass({
  render: function () {
    return (
      <div className="divider">
        <h2>{this.props.children}</h2><hr />
      </div>
    );
  }
});
```

至此，你就可以像使用任何 HTML 元素一样使用 <Divider> 组件了。

<Divider>Questions</Divider>

当我们把上面的 JSX 代码转换为 JavaScript 时，会得到下面的结果：

```
var Divider = React.createClass({displayName: 'Divider',
  render: function () {
    return (
      React.createElement("div", {className: "divider"},
        React.createElement("h2", null, this.props.children),
        React.createElement("hr", null)
      )
    );
  }
});
```

而最终渲染输出的结果正如你所期待的那样：

```
<div className="divider">
  <h2>Questions</h2><hr />
</div>
```

JSX 与 HTML 有何不同

JSX 很像 HTML，但却不是 HTML 语法的完美复制品（这样说是有充分的理由的）。实际上，JSX 规范中这样声明：

> 这个规范（JSX）并不尝试去遵循任何 XML 或 HTML 规范。JSX 是作为一种 ECMAScript 特性来设计的，至于大家觉得 JSX 像 XML 这一事实，那仅仅是因为大家比较熟悉 XML。以上内容摘自 *http://facebook.github.io/jsx/*。

下面我们探索一下 JSX 与 HTML 语法上的几点关键区别。

属性

在 HTML 中我们用内联的方式给每个节点设置属性，像这样：

```
<div id="some-id" class="some-class-name">...</div>
```

JSX 以同样的方式实现了属性的设置，同时还提供了将属性设置为动态 JavaScript 变量的便利。要设置动态的属性，你需要把原本用引号括起来的文本替换成花括号包裹的 JavaScript 变量。

```
var surveyQuestionId = this.props.id;
var classes = 'some-class-name';
...
<div id={surveyQuestionId} className={classes}>...</div>
```

对于更复杂的情景，你还可以把属性设置为一个函数调用返回的结果。

```
<div id={this.getSurveyId()} >...</div>
```

现在，React 每渲染一个组件时，我们指定的变量和函数会被求值，而最终生成的 DOM 结构会反映出这个新的状态。

> 我们有一个贯穿全书的示例项目，一个问卷制作工具，你可以在 *https://github.com/backstopmedia/bleeding-edge-sample-app* 阅读全部源码。

条件判断

在 React 中，一个组件的 HTML 标签与生成这些标签的代码内在地紧密联系在一起。这意味着你可以轻松地利用 JavaScript 强大的魔力，比如循环和条件判断。

要想在组件中添加条件判断似乎是件很困难的事情，因为 if/else 逻辑很难用 HTML 标签来表达。直接往 JSX 中加入 if 语句会渲染出无效的 JavaScript：

```
<div className={if(isComplete) { 'is-complete' }}>...</div>
```

而解决的办法就是使用以下某种方法：

- 使用三目运算符
- 设置一个变量并在属性中引用它
- 将逻辑转化到函数中
- 使用 && 运算符

下面快速地演示各个使用方法。

使用三目运算符

（添加空格是为了让代码看起来更清晰）

```
...
render: function () {
  return <div className={
    this.state.isComplete ? 'is-complete' : ''
  }>...</div>;
}
...
```

虽然对于文本来说三目运算符可以正常运行，但是如果你想要在其他情况下很好地应用 React Component，三目运算符就可能显得笨重又麻烦了。对于这些情况最好是使用下面的方法。

使用变量

```
...
getIsComplete: function () {
  return this.state.isComplete ? 'is-complete' : '';
},
```

```
render: function () {
  var isComplete = this.getIsComplete();
  return <div className={isComplete}>...</div>;
}
...
```

使用函数

```
...
getIsComplete: function () {
  return this.state.isComplete ? 'is-complete' : '';
},
render: function () {
  return <div className={this.getIsComplete()}>...</div>;
}
...
```

使用逻辑与（&&）运算符

由于对于 null 或 false 值 React 不会输出任何内容，因此你可以使用一个后面跟随了期望字符串的布尔值来实现条件判断。如果这个布尔值为 true，那么后续的字符串就会被使用。

```
render: function () {
  return <div className={this.state.isComplete && 'is-complete'}>
    ...
  </div>;
}
```

非 DOM 属性

下面的特殊属性只在 JSX 中存在：

- key
- ref
- dangerouslySetInnerHTML

下面我们将讨论更多的细节。

键（key）

key 是一个可选的唯一标识符。在程序运行的过程中，一个组件可能会在组件树中调整位置，比如当用户在进行搜索操作时，或者当一个列表中的物品被增加、删除时。当这些情况发生时，组件可能并不需要被销毁并重新创建。

通过给组件设置一个独一无二的键，并确保它在一个渲染周期中保持一致，使得 React 能够更智能地决定应该重用一个组件，还是销毁并重新创建一个组件，进而提升渲染性能。当两个已经存在于 DOM 中的组件交换位置时，React 能够匹配对应的键并进行相应的移动，且不需要完全重新渲染 DOM。

引用（ref）

ref 允许父组件在 render 方法之外保持对子组件的一个引用。

在 JSX 中，你可以通过在属性中设置期望的引用名来定义一个引用。

```
...
render: function () {
  return <div>
    <input ref="myInput" ... />
  </div>;
}
...
```

然后，你就可以在组件中的任何地方使用 this.refs.myInput 获取这个引用了。通过引用获取到的这个对象被称为支持实例。它并不是真的 DOM，而是 React 在需要时用来创建 DOM 的一个描述对象。你可以使用 this.refs.myInput.getDOMNode() 访问真实的 DOM 节点。

更多关于父/子组件关系及所有权的详细讨论请参阅第 6 章。

设置原始的 HTML

dangerouslySetInnerHTML——有时候你需要将 HTML 内容设置为字符串，尤其是使用了通过字符串操作 DOM 的第三方库时。为了提升 React 的互操作性，这个属性允许你使用 HTML 字符串。然而如果你能避免使用它的话，就还是不要使用。要让这个属性发挥作用，你需要把字符串设置到一个主键为 __html 的对象里，像这样：

```
...
render: function () {
  var htmlString = {
```

　　　　　　　　　　　　　　　React：引领未来的用户界面开发框架

```
    __html: "<span>an html string</span>"
  };
  return <div dangerouslySetInnerHTML={htmlString} ></div>; }
...
```

---

dangerouslySetInnerHTML

这个属性可能很快会发生改变，参见下面的网址：

https://github.com/facebook/react/issues/2134

https://github.com/facebook/react/pull/1515

事件

在所有浏览器中，事件名已经被规范化并统一用驼峰形式表示。例如，change 变成了 onChange，click 变成了 onClick。在 JSX 中，捕获一个事件就像给组件的方法设置一个属性一样简单。

```
...
handleClick: function (event) {...},
render: function () {
  return <div onClick={this.handleClick}>...</div>
}
...
```

注意，React 自动绑定了组件所有方法的作用域，因此你永远都不需要手动绑定。

```
...
handleClick: function (event) {...},
  render: function () {
    // 反模式 —— 在 React 中手动给组件实例绑定
    // 函数作用域是没有必要的
    return <div onClick={this.handleClick.bind(this)}>...</div>;
}
...
```

更多关于 React 中事件系统的细节请参阅第 9 章。

注释

JSX 本质上就是 JavaScript，因此你可以在标签内添加原生的 JavaScript 注释。注释可以用以下两种形式添加：

1. 当作一个元素的子节点。
2. 内联在元素的属性中。

作为子节点

子节点形式的注释只需要简单地包裹在花括号内即可，并且可以跨越多行。

```
<div>
  {/* a comment about this input
     with multiple lines */}
  <input name="email" placeholder="Email Address" />
</div>
```

作为内联属性

内联的注释可以有两种形式。首先，可以使用多行注释：

```
<div>
  <input
   /*
     a note about the input
   */
   name="email"
   placeholder="Email Address" />
</div>
```

也可以使用单行注释：

```
<div>
  <input
   name="email" // a single-line comment
   placeholder="Email Address" />
</div>
```

特殊属性

由于 JSX 会转换为原生的 JavaScript 函数，因此有一些关键词我们是不能用的——如 for 和 class。

要给表单里的标签添加 for 属性需要使用 htmlFor。

```
<label htmlFor="for-text" ... >
```

而要渲染一个自定义的 class 需要使用 className。如果你比较习惯 HTML 语法，那么可能会觉得这样做有些别扭。但是从 JavaScript 角度来看，这样做就显得很一致了。因为我们可以通过 elem.className 来获取一个元素的 class。

```
<div className={classes} ... >
```

样式

最后，我们要谈谈内联样式。React 把所有的内联样式都规范化为了驼峰形式，与 JavaScript 中 DOM 的 style 属性一致。

要添加一个自定义的样式属性，只需简单地把驼峰形式的属性名及期望的 CSS 值拼装为对象即可。

```
var styles = {
  borderColor: "#999",
  borderThickness: "1px"
};
React.renderComponent(<div style={styles}>...</div>, node);
```

没有 JSX 的 React

所有的 JSX 标签最后都会被转换为原生的 JavaScript。因此 JSX 对于 React 来说并不是必需的。然而，JSX 确实减少了一部分复杂性。如果你不打算在 React 中使用 JSX，那么在 React 中创建元素时需要知道以下三点：

1. 定义组件类。
2. 创建一个为组件类产生实例的工厂。
3. 使用工厂来创建 ReactElement 实例。

创建 React 元素

对于普通的 HTML 元素，React 在 React.DOM.* 命名空间下提供了一系列的工厂。这些预定义的工厂都是 React.createElement 的简写，只是帮你预置了第一个参数而已。下面的两行语句会得到同样的结果。

```
React.createElement('div');
React.DOM.div();
```

然而，对于自定义组件来说，你必须为组件类创建一个工厂。

回想一下我们之前定义过一个 Divider 组件类。下面它被重命名为 DividerClass，以此来明确它的目的。

```
var DividerClass = React.createClass({displayName: 'Divider',
  render: function () {
    return (
      React.createElement("div", {className: "divider"},
        React.createElement("h2", null, this.props.children),
        React.createElement("hr", null)
      )
    );
  }
});
```

要在没有 JSX 的情况下使用这个 DividerClass，有下面两种选择：

1. 直接调用 React.createElement。
2. 创建一个工厂，类似 React.DOM.* 函数。

要直接创建元素的话，只需要简单地调用 createElement 方法。

```
var divider = React.createElement(DividerClass, null, 'Questions');
```

而要创建一个工厂，首先需要使用 createFactory 方法。

```
var Divider = React.createFactory(DividerClass);
```

现在有了工厂函数，你就可以使用它自由地创建 ReactElement 了。

```
var divider = Divider(null, 'Questions');
```

简写

尽管 React.DOM.* 命名空间非常方便，但重复地输入相同的内容总是让人觉得乏味。要想减轻这种痛苦，你可以使用较短的变量名保存一个对 React.DOM 的引用，比如 R。这样我们就可以用更简洁的形式来表达上面的例子了。

```
var R = React.DOM;

var DividerClass = React.createClass({displayName: 'Divider',
  render: function () {
    return R.div({className: "divider"},
      R.h2(null, "Label Text"),
      R.hr()
    );
  }
});
```

或者，如果你更喜欢直接用顶层变量来引用这些工厂，你也可以直接引用它们。

```
var div = React.DOM.div;
var hr = React.DOM.hr;
var h2 = React.DOM.h2;

var DividerClass = React.createClass({displayName: 'Divider',
  render: function () {
    return div({className: "divider"},
      h2(null, "Label Text"),
      hr()
    );
  }
});
```

延伸阅读及参考引用

即使你不赞同在 JavaScript 里写 HTML 标签这一理念，也希望你能够理解在 JavaScript 及其渲染出来的 HTML 标签的紧密联系中，JSX 是如何提供一种解决方案的。随着受欢迎程度的逐渐增加，JSX 也有了自己的规范，这些规范提供了深层次的技术定义。如果你还不确定是否要使用 JSX，或者对它的工作方式存在疑惑的话，有一些工具可以帮助你进行实验。

JSX 官方规范

2014 年 9 月 Facebook 发布了一份 *JSX 官方规范*，陈述了他们要创造 JSX 的根本原因，以及一些关于语法上的技术细节。

你可以在 *http://facebook.github.io/jsx/* 上阅读到更多信息。

在浏览器中实验

有很多可选的工具可以用于测试 JSX。React 文档中的 *Getting Started* 页面[1]给出了两个指向 JSFiddle 的链接，其中一个内置了 JSX，另一个没有。

React 同时也提供了一个在浏览器内把 JSX 转换为 JavaScript 的 JSX 编译器服务[2]。

---

[1] *http://facebook.github.io/react/docs/getting-started.html*
[2] *http://facebook.github.io/react/jsx-compiler.html*

React：引领未来的用户界面开发框架

第3章

组件的生命周期

在组件的整个生命周期中，随着该组件的 props 或者 state 发生改变，它的 DOM 表现也将有相应的变化。正如在介绍 JSX 的第 2 章中所提到的，一个组件就是一个状态机：对于特定的输入，它总会返回一致的输出。

React 为每个组件提供了生命周期钩子函数去响应不同的时刻——创建时、存在期及销毁时。我们在这里将按照这些时刻出现的顺序依次介绍——从实例化开始，到活动期，直到最后被销毁。

生命周期方法

React 的组件拥有简洁的生命周期 API，它仅仅提供你所需要的方法，而不会去追求全面。接下来我们按照它们在组件中的调用顺序来看一下每个方法。

实例化

一个实例初次被创建时所调用的生命周期方法与其他各个后续实例被创建时所调用的方法略有不同。当你首次使用一个组件类时，你会看到下面这些方法依次被调用：

- getDefaultProps
- getInitialState
- componentWillMount
- render

- componentDidMount

对于该组件类的所有后续应用，你将会看到下面的方法依次被调用。注意，getDefaultProps 方法已经不在列表中。

- getInitialState
- componentWillMount
- render
- componentDidMount

存在期

随着应用状态的改变，以及组件逐渐受到影响，你将会看到下面的方法依次被调用：

- componentWillReceiveProps
- shouldComponentUpdate
- componentWillUpdate
- render
- componentDidUpdate

销毁 & 清理期

最后，当该组件被使用完成后，componentWillUnmount 方法将会被调用，目的是给这个实例提供清理自身的机会。

现在，我们将会依次详细介绍到这三个阶段：实例化、存在期及销毁 & 清理期。

实例化

当每个新的组件被创建、首次渲染时，有一系列的方法可以用来为其做准备工作。这些方法中的每一个都有明确的职责，如下所示。

getDefaultProps

对于组件类来说，这个方法只会被调用一次。对于那些没有被父辈组件指定 props 属性的新建实例来说，这个方法返回的对象可用于为实例设置默认的 props 值。

> 值得注意的是，任何复杂的值，比如对象和数组，都会在所有的实例中共享
> ——而不是拷贝或者克隆。

getInitialState

对于组件的每个实例来说，这个方法的调用次数有且只有一次。在这里你将有机会初始化每个实例的 state。与 getDefaultProps 方法不同的是，每次实例创建时该方法都会被调用一次。在这个方法里，你已经可以访问到 this.props。

componentWillMount

该方法会在完成首次渲染之前被调用。这也是在 render 方法调用前可以修改组件 state 的最后一次机会。

render

在这里你会创建一个虚拟 DOM，用来表示组件的输出。对于一个组件来说，render 是唯一一个必需的方法，并且有特定的规则。render 方法需要满足下面几点：

- 只能通过 this.props 和 this.state 访问数据。
- 可以返回 null、false 或者任何 React 组件。
- 只能出现一个顶级组件（不能返回一组元素）。
- 必须纯净，意味着不能改变组件的状态或者修改 DOM 的输出。

render 方法返回的结果不是真正的 DOM，而是一个虚拟的表现，React 随后会把它和真实的 DOM[1]做对比，来判断是否有必要做出修改。

componentDidMount

在 render 方法成功调用并且真实的 DOM 已经被渲染之后，你可以在 componentDidMount 内部通过 this.getDOMNode() 方法访问到它。

---

[1]原文是 "real DOM"，应该理解为内存中的 DOM 表现，而非浏览器中的。——译者注

这就是你可以用来访问原始 DOM 的生命周期钩子函数。比如，当你需要测量渲染出 DOM 元素的高度，或者使用计时器来操作它，亦或运行一个自定义的 jQuery 插件时，可以将这些操作挂载到这个方法上。

举例来说，假设需要在一个通过 React 渲染出的表单元素上使用 jQuery UI 的 Autocomplete 插件，则可以这样使用它：

```
// 需要自动补全的字符串列表
var datasource = [...];

var MyComponent = React.createClass({
  render: function () {
    return <input ... />;
  },
  componentDidMount: function () {
    $(this.getDOMNode()).autocomplete({
      sources: datasource
    });
  }
});
```

> 注意，当 React 运行在服务端时，componentDidMount 方法不会被调用。

存在期

此时，组件已经渲染好并且用户可以与它进行交互。通常是通过一次鼠标点击、手指点按或者键盘事件来触发一个事件处理器。随着用户改变了组件或者整个应用的 state，便会有新的 state 流入组件树，并且我们将会获得操控它的机会。

componentWillReceiveProps

在任意时刻，组件的 props 都可以通过父辈组件来更改。出现这种情况时，componentWill-ReceiveProps 方法会被调用，你也将获得更改 props 对象及更新 state 的机会。

比如，在我们的问卷制作工具中有一个 AnswerRadioInput 组件，允许用户切换一个单选框。父辈组件能够改变这个布尔值，并且我们可以对其做出响应，比如基于父辈组件输入的 props 更新组件自身的内部 state。

```
componentWillReceiveProps: function(nextProps) {
  if (nextProps.checked !== undefined) {
    this.setState({
      checked: nextProps.checked
    });
  }
}
```

> 我们有一个贯穿全书的示例项目，一个问卷制作工具，你可以在 *https://github.com/backstopmedia/bleeding-edge-sample-app* 阅读全部源码。

shouldComponentUpdate

React 非常快。不过你还可以让它更快——通过调用 shouldComponentUpdate 方法在组件渲染时进行精确优化。

如果你确定某个组件或者它的任何子组件不需要渲染新的 props 或者 state，则该方法会返回 false 。

> 在首次渲染期间或者调用了 forceUpdate 方法后，这个方法不会被调用。

返回 false 则是在告诉 React 要跳过调用 render 方法，以及位于 render 前后的钩子函数：componentWillUpdate 和 componentDidUpdate 。

该方法是非必需的，并且大多数情况下没必要在开发中使用它。草率地使用它可能导致不可思议的 bug，所以最好等到能够准确地测量出应用的瓶颈后，再去选择要在何处进行恰当的优化。

如果你谨慎地使用了不可变的数据结构作为 state，同时只在 render 方法中读取 props 和 state 中的数据，那你就可以放心地重写 shouldComponentUpdate 方法来比较新旧 props 及 state 了。

另外一个关于性能调优的选项是 React 插件提供的 PureRenderMixin 方法。如果你的组件是纯净的，即对于相同的 props 和 state，它总会渲染出一样的 DOM，那么这个 mixin 会自动调用 shouldComponentUpdate 方法来比较 props 和 state，如果比较结果一致则返回 false。

componentWillUpdate

和 componentWillMount 方法类似，组件会在接收到新的 props 或者 state 进行渲染之前，调用该方法。

注意，你不可以在该方法中更新 state 或者 props。而应该借助 componentWillReceiveProps 方法在运行时更新 state。

componentDidUpdate

和 componentDidMount 方法类似，该方法给了我们更新已经渲染好的 DOM 的机会。

销毁 & 清理期

每当 React 使用完一个组件，这个组件就必须从 DOM 中卸载随后被销毁。此时，仅有的一个钩子函数会做出响应，完成所有的清理和销毁工作，这很必要。

componentWillUnmount

最后，随着一个组件从它的层级结构中移除，这个组件的生命也走到了尽头。该方法会在组件被移除之前被调用，让你有机会做一些清理工作。你在 componentDidMount 方法中添加的所有任务都需要在该方法中撤销，比如创建的定时器或者添加的事件监听器。

反模式：把计算后的值赋给 state

值得注意的是，在 getInitialState 方法中，尝试通过 this.props 来创建 state 的做法是一种反模式。React 专注于维护数据的单一来源。它的设计使得传递数据的来源更加显而易见，这也是 React 的一个优势。

上文提到从 props 中计算值然后将它赋值为 state 的做法是一种反模式。比如，在组件中，把日期转化为字符串形式，或者在渲染之前将字符串转换为大写。这些都不是 state，只能够在渲染时进行计算。

当组件的 state 值和它所基于的 prop 不同步，因而无法了解到 render 函数的内部结构时，可以认定为一种反模式。

React：引领未来的用户界面开发框架

```
// 反模式：经过计算后值不应该赋给 state
getDefaultProps: function() {
  return {
    date: new Date()
  };
},
getInitialState: function() {
  return {
    day: this.props.date.getDay()
  }
},
render: function() {
  return <div>Day: {this.state.day}</div>;
}
```

正确的模式应该是在渲染时计算这些值。这保证了计算后的值永远不会与派生出它的 props 值不同步。

```
// 在渲染时计算值是正确的
getDefaultProps: function() {
  return {
    date: new Date()
  };
},
render: function() {
  var day = this.props.date.getDay();
  return <div>Day: {day}</div>;
}
```

然而，如果你的目的并不是同步，而只是简单的初始化 state，那么在 getInitialState 方法中使用 props 是没问题的。只是一定要明确你的意图，比如为 prop 添加 initial 前缀。

```
getDefaultProps: function () {
  return {
    initialValue: 'some-default-value'
  };
},
getInitialState: function () {
```

```
  return {
    value: this.props.initialValue
  };
},
render: function () {
  return <div>{this.state.value}</div>
}
```

总结

React 生命周期方法提供了精心设计的钩子函数，会伴随组件的整个生命周期。和状态机类似，每个组件都被设计成了能够在整个生命周期中输出稳定、语义化的标签。

组件不会独立存在。随着父组件将 props 推送给它们的子组件，以及那些子组件渲染它们自身的子组件，你必须谨慎地考虑数据是如何流经整个应用的。每一个子组件真正需要掌控多少数据，哪个组件来控制应用的状态？这些涉及了下一章的话题：数据流。

第4章

数据流

在 React 中，数据的流向是单向的——从父节点传递到子节点，因而组件是简单且易于把握的，它们只需从父节点获取 props 渲染即可。如果顶层组件的某个 prop 改变了，React 会递归地向下遍历整棵组件树，重新渲染所有使用这个属性的组件。

React 组件内部还具有自己的状态，这些状态只能在组件内修改。React 组件本身很简单，你可以把它们看成是一个函数，它接受 props 和 state 作为参数，返回一个虚拟的 DOM 表现。

在本章我们将学习：

- props 是什么。
- state 是什么。
- 什么时候用 props 以及什么时候用 state。

Props

props 就是 properties 的缩写，你可以使用它把任意类型的数据传递给组件。

可以在挂载组件的时候设置它的 props：

```
var surveys = [{ title: 'Superheroes' }];
<ListSurveys surveys={surveys}/>
```

或者通过调用组件实例的 setProps 方法（很少需要这样做）来设置其 props：

```
var surveys = [{ title: 'Superheroes' }];
```

```
var listSurveys = React.render(
  <ListSurveys/>,
  document.querySelector('body')
);
listSurveys.setProps({ surveys: surveys });
```

你只能在子组件上或者在组件树外（如上例）调用 setProps。千万别调用 this.setProps 或者直接修改 this.props，如果真的需要，请使用 state，我们将会在本章的后面讨论它。

> 我们有一个贯穿全书的示例项目，一个问卷制作工具，你可以在 *https: //github.com/backstopmedia/bleeding-edge-sample-app* 阅读全部源码。

可以通过 this.props 访问 props，但绝对不能通过这种方式修改它。一个组件绝对不可以自己修改自己的 props。

在 JSX 中，可以把 props 设置为字符串：

```
<a href='/surveys/add'>Add survey</a>
```

也可以使用 {} 语法来设置，注入 JavaScript 传递任意类型的变量：

```
<a href={'/surveys/' + survey.id}>{survey.title}</a>
```

还可以使用 JSX 的展开语法把 props 设置成一个对象：

```
var ListSurveys = React.createClass({
  render: function() {
    var props = {
      one: 'foo',
      two: 'bar'
    };
    return <SurveyTable {...props}/>;
  }
});
```

props 还可以用来添加事件处理器：

```
var SaveButton = React.createClass({
  render: function() {
    return (
      <a className='button save' onClick={this.handleClick}>Save</a>
    );
```

```
    },
    handleClick: function() {
      // ...
    }
});
```

这里我们给链接标签传递了一个 onClick 属性，值为 `handleClick` 函数。当用户点击链接时，`handleClick` 方法将被调用。

PropTypes

通过在组件中定义一个配置对象，React 提供了一种验证 props 的方式：

```
var SurveyTableRow = React.createClass({
  propTypes: {
    survey: React.PropTypes.shape({
      id: React.PropTypes.number.isRequired
    }).isRequired,
    onClick: React.PropTypes.func
  },
  // ...
});
```

组件初始化时，如果传递的属性和 `propTypes` 不匹配，则会打印一个 `console.warn` 日志。

如果是可选的配置，则可以去掉 `.isRequired`。

在应用中使用 propTypes 并不是强制性的，但这提供了一种极好的方式来描述组件的 API。

getDefaultProps

可以为组件添加 `getDefaultProps` 函数来设置属性的默认值。不过，这应该只针对那些非必需属性。

```
var SurveyTable = React.createClass({
  getDefaultProps: function() {
    return {
      surveys: []
    };
  }
```

```
  // ...
});
```

必须要提醒的一点是，getDefaultProps 并不是在组件实例化时被调用的，而是在 React.createClass 调用时就被调用了，返回值会被缓存起来。也就是说，不能在 getDefaultProps 中使用任何特定的实例数据。

State

每一个 React 组件都可以拥有自己的 state，state 与 props 的区别在于前者只存在于组件的内部。

state 可以用来确定一个元素的视图状态。我们来看一个自定义的 <Dropdown/> 组件：

```
var CountryDropdown = React.createClass({
  getInitialState: function () {
    return {
      showOptions: false
    };
  },

  render: function () {
    var options;

    if (this.state.showOptions) {
      options = (
        <ul className='options'>
          <li>United States of America</li>
          <li>New Zealand</li>
          <li>Denmark</li>
        </ul>
      );
    }

    return (
      <div className="dropdown" onClick={this.handleClick}>
        <label> Choose a country </label>.{options}
      </div>
```

React：引领未来的用户界面开发框架

```
    );
  },

  handleClick: function() {
    this.setState({
      showOptions: true
    });
  }
});
```

在上例中，state 被用来记录是否在下拉框中显示可选项。

state 可以通过 setState 来修改，也可以使用上面出现的 getInitialState 方法提供一组默认值。只要 setState 被调用，render 就会被调用。如果 render 函数的返回值有变化，虚拟 DOM 就会更新，真实的 DOM 也会被更新，最终用户就会在浏览器中看到变化。

千万不能直接修改 this.state，永远记得要通过 this.setState 方法修改。

状态总是让组件变得更加复杂，但是如果把状态针对不同的组件独立开来，应用就会更容易调试一些。

放在 state 和 props 的各是哪些部分

不要在 state 中保存计算出的值，而应该只保存最简单的数据，即那些组件正常工作时的必要数据。比如前面出现过的勾选状态，如果没有它就无法勾选（或不勾选）复选框；比如用来表示下拉选框是否显示的布尔值，又比如输入框的值，等等。

不要尝试把 props 复制到 state 中。要尽可能把 props 当作数据源。

总结

本章我们学习了：

- 使用 props 在整个组件树中传递数据和配置。
- 避免在组件内部修改 this.props 或调用 this.setProps，请把 props 当作是只读的。
- 使用 props 来做事件处理器，与子组件通信。
- 使用 state 存储简单的视图状态，比如说下拉框是否可见这样的状态。
- 使用 this.setState 来设置状态，而不要使用 this.state 直接修改状态。

这一章中我们简单提到了事件处理器，下一章将深入到它的更多细节之中。

第 5 章

事件处理

对用户界面而言，展示只占整体设计因素的一半。另一半则是响应用户输入，即通过
JavaScript 处理用户产生的事件。

React 通过将事件处理器绑定到组件上来处理事件。在事件被触发的同时，更新组件的内部
状态。组件内部状态的更新会触发组件重绘。因此，如果视图层想要渲染出事件触发后的
结果，它所要做的就是在渲染函数中读取组件的内部状态。

尽管简单地根据正在处理中的事件类型来更新内部状态的做法很常见，但还是有必要使用
事件的额外信息来判断如何更新状态。在此情况下，传递给处理器的事件对象将会额外提
供与事件相关的信息，方便在更改组件内部状态时使用。

借助这些技术以及 React 高效的渲染，我们能够更容易地响应用户的输入并根据输入内容来
更新用户界面。

绑定事件处理器

React 处理的事件本质上和原生 JavaScript 事件一样：MouseEvents 事件用于点击处理器，
Change 事件用于表单元素变化，等等。所有的事件在命名上与原生 JavaScript 规范一致，并
且会在相同的情景下被触发。

React 绑定事件处理器的语法和 HTML 语法非常类似。比如，在我们的问卷制作工具示例中
包含了下面的代码，在 Save 按钮上绑定 onClick 事件处理器。

```
<button className="btn btn-save" onClick={this.handleSaveClicked}>Save</button>
```

用户点击这个按钮时，组件的 handleSaveClicked 方法会被调用。这个方法中会包含处理 Save 行为的逻辑。

> 我们有一个贯穿全书的示例项目，一个问卷制作工具，你可以在 *https: //github.com/backstopmedia/bleeding-edge-sample-app* 阅读全部源码。

注意，这份代码在写法上类似普遍不推荐的 HTML 内联事件处理器属性，比如 onClick，但其实在底层实现上并没有使用 HTML 的 onClick 属性[1]。React 只是用这种写法来绑定事件处理器，其内部则按照需要高效地维护着事件处理器。

如果不用 JSX，你可以选择在参数对象的属性上指定事件处理器。比如[2]：

```
React.DOM.button({className: "btn btn-save", onClick: this.handleSaveClicked},
  "Save");
```

React 对处理各种事件类型提供了友好的支持，具体的支持类型列在了其文档的事件系统（*http://facebook.github.io/react/docs/events.html*）中。

其中绝大部分事件不需要额外的处理就能工作，但是触控事件需要通过调用以下的代码手动启用[3]：

```
React.initializeTouchEvents(true);
```

事件和状态

设想你需要让一个组件随着用户的输入而改变，比如在问卷编辑器中，你想要让用户从一个问题类型的菜单当中拖拽问卷问题。

首先，在渲染函数内部基于 HTML5 拖放（Drag and Drop）API 注册事件处理器，代码如下。

```
var SurveyEditor = React.createClass({
  render: function () {
    return (
      <div className='survey-editor'>
        <div className='row'>
          <aside className='sidebar col-md-3'>
            <h2>Modules</h2>
            <DraggableQuestions />
          </aside>
```

---

[1]而是通过事件代理之类的手法。——译者注
[2]从 React 0.12.x 开始，推荐使用 React.createElement 的写法，因而文中代码属于低版本的用法。——译者注
[3]目前这个 API 将有调整，见官方仓库 Issue 列表：*https://github.com/facebook/react/issues/2468*。——译者注

```
      <div className='survey-canvas col-md-9'>
        <div
          className={'drop-zone well well-drop-zone'}
          onDragOver={this.handleDragOver}
          onDragEnter={this.handleDragEnter}
          onDragLeave={this.handleDragLeave}
          onDrop={this.handleDrop}
        >
          Drag and drop a module from the left
        </div>
      </div>
    </div>
  );
  }
});
```

这个 DraggableQuestions 组件将会渲染问题类型的菜单，绑定的事件处理器方法负责处理拖放行为。

根据状态进行渲染

事件处理器方法还需要完成一件事——展开当前已经加入的题目清单。为了实现该功能，你需要充分利用每个 React 组件的内部状态。组件状态默认是 null，但是可以通过它的 getInitialState 方法将其初始化为合理的值，比如：

```
getInitialState: function () {
  return {
    dropZoneEntered: false,
    title: '',
    introduction: '',
    questions: []
  };
}
```

以上代码为组件状态初始化了默认值：一个空标题、一个空的介绍、一组空的题目以及一个值为 false 的 dropZoeEntered 属性，用于表示当前用户没有拖拽任何内容到放置区域。

React：引领未来的用户界面开发框架

到这里，你已经可以在 render 方法当中读取 this.state ，以便向用户展示当前表单中的所有数据了。

```
render: function () {
  var questions = this.state.questions;

  var dropZoneEntered = '';
  if (this.state.dropZoneEntered) {
    dropZoneEntered = 'drag-enter';
  }

  return (
    <div className='survey-editor'>
      <div className='row'>
        <aside className='sidebar col-md-3'>
          <h2>Modules</h2>
          <DraggableQuestions />
        </aside>

        <div className='survey-canvas col-md-9'>
          <SurveyForm
            title={this.state.title}
            introduction={this.state.introduction}
            onChange={this.handleFormChange}
          />

          <Divider>Questions</Divider>
          <ReactCSSTransitionGroup transitionName='question'>
            {questions}
          </ReactCSSTransitionGroup>

          <div
            className={'drop-zone well well-drop-zone ' + dropZoneEntered}
            onDragOver={this.handleDragOver}
            onDragEnter={this.handleDragEnter}
            onDragLeave={this.handleDragLeave}
```

```
        onDrop={this.handleDrop}
      >
        Drag and drop a module from the left
      </div>

      <div className='actions'>
        <button className="btn btn-save" onClick={this.handleSaveClicked}>
          Save
        </button>
      </div>
    </div>
  </div>
</div>
  );
}
```

与 this.props 类似，render 函数可能有或多或少的变化，这完全取决于 this.state 值。它可以渲染出属性上稍有差异的相同元素，或者渲染出完全不同的元素集。无论哪种方式，效果都一样好。

更新状态

更新组件的内部状态会触发组件重绘，所以接下来要做的事情就是在拖拽的事件处理器方法中更新状态。然后再次运行 render 函数，它会从 this.state 中读取新数据来显示标题、介绍及题目，用户将看到所有内容被正确地更新。

更新组件状态有两种方案：组件的 setState 方法和 replaceState 方法。replaceState 用一个全新的 state 对象完整地替换掉原有的 state。使用不可变数据结构来表示状态时，这种方式很有效，不过很少应用于其他场景下。更多的情况下会使用 setState，它仅仅是把传入的对象合并到已有的 state 对象。

比如说，假设下面的代码表示当前状态：

```
getInitialState: function () {
  return {
    dropZoneEntered: false,
    title: 'Fantastic Survey',
    introduction: 'This survey is fantastic!',
```

```
    questions: []
  };
}
```

这时，调用 this.setState({title: "Fantastic Survey 2.0"}) 仅仅影响 this.state.title 的值，而 this.state.dropZoneEntered、this.state.introduction 及 this.state.questions 不会受影响。

而如果调用 this.replaceState({title: "Fantastic Survey 2.0"})，则会用新的对象 {title: "Fantastic Survey 2.0"} 替换掉整个 state 对象，同时把 this.state.dropZone-Entered、this.state.introduction 和 this.state.questions 全部清除掉。这样做很可能中断 render 函数的执行，因为它期望 this.state.questions 是一个数组而不是 undefined。

现在使用 this.setState 可以实现上文提到的事件处理器方法。

```
handleFormChange: function (formData) {
  this.setState(formData);
},

handleDragOver: function (ev) {
  // 这保证 handleDropZoneDrop 可以被调用
  // https://code.google.com/p/chromium/issues/detail?id=168387
  ev.preventDefault();
},

handleDragEnter: function () {
  this.setState({dropZoneEntered: true});
},

handleDragLeave: function () {
  this.setState({dropZoneEntered: false});
},

handleDrop: function (ev) {
  var questionType = ev.dataTransfer.getData('questionType');
  var questions = this.state.questions;
  questions = questions.concat({ type: questionType });
```

```
  this.setState({
    questions: questions,
    dropZoneEntered: false
  });
}
```

有一点很重要,永远不要尝试通过 setState 或者 replaceState 以外的方式去修改 state 对象。类似 this.state.saveInProgress = true 通常不是一个好主意,因为它无法通知 React 是否需要重新渲染组件,而且可能会导致下次调用 setState 时出现意外结果。

事件对象

很多事件处理器只要触发就会完成功能,但有时也会需要关于用户输入的更多信息。

我们来看一下问卷制作工具示例应用中的 AnswerEssayQuestion 类。

```
var AnswerEssayQuestion = React.createClass({
  handleComplete: function(event) {
    this.callMethodOnProps('onCompleted', event.target.value);
  },
  render: function() {
    return (
      <div className="form-group">
        <label className="survey-item-label">{this.props.label}</label>
        <div className="survey-item-content">
          <textarea className="form-control" rows="3" onBlur={this.handleComplete}/>
        </div>
      </div>
    );
  }
});
```

通常会有一个事件对象传入到 React 的事件处理器函数中,类似原生 JavaScript 事件监听器的写法。这里的 handleComplete 方法会接受一个事件对象,并通过存取 event.target.value 值为 textarea 赋值。在事件处理器中,使用 event.target.value 获取表单中 input 值是一种常规的方法,尤其在 onChange 事件处理器中。

注意,callMethodOnProps 是由一个叫作 PropsMethodMixin 的 mixin 提供的。此外,这个 mixin 还提供了一些处理父子组件之间通信的简便方法。关于 mixin 的详细内容参见第 7 章。

React:引领未来的用户界面开发框架

React 把原生的事件封装在一个 SyntheticEvent 实例当中，而不是直接把原生的浏览器事件对象传给事件处理器。SyntheticEvent 在表现和功能上都与浏览器的原生事件对象一致，并且消除了某些跨浏览器差异，因此你应该可以像使用普通的事件一样使用 SyntheticEvent。对于那些需要浏览器原生事件的场景，则可以通过 SyntheticEvent 的 nativeEvent 属性访问到它。

总结

从用户输入到更新用户界面，处理步骤非常简单：

1. 在 React 组件上绑定事件处理器。

2. 在事件处理器当中更新组件的内部状态。组件状态的更新会触发重绘。

3. 实现组件的 render 函数用来渲染 this.state 的数据。

到这里我们已经学会用单个组件来响应用户交互了。接下来将继续学习怎样将多个组件复合在一起，构建功能复杂的界面。

第6章

组件的复合

在传统 HTML 当中，元素是构成页面的基础单元。但在 React 中，构建页面的基础单元是 React 组件。你可以把 React 组件理解成混入了 JavaScript 表达能力的 HTML 元素。实际上写 React 代码主要就是构建组件，就像编写 HTML 文档时使用元素一样。

因为整个 React 应用都是用组件来构建的，因此这本书完全可以写成一本关于 React 组件的书。但是本章不会涵盖组件的每一个方面，只介绍一个特性——组件的复合能力（composability）。

本质上，一个组件就是一个 JavaScript 函数，它接受属性（props）和状态（state）作为参数，并输出渲染好的 HTML。组件一般被用来呈现和表达应用的某部分数据，因此你可以把 React 组件理解为 HTML 元素的扩展。

扩展 HTML

React + JSX 是强大而富有表现力的工具，允许我们使用类似 HTML 的语法创建自定义元素。比起单纯的 HTML，它们还能够控制生命周期中的行为。这些都是从 `React.createClass` 方法开始的[1]。

相较于继承，React 偏爱复合（composition），即通过结合小巧的、简单的组件和数据对象，构造大而复杂的组件。如果你熟悉其他的 MVC 或者面向对象工具，你很可能会期望有一个 `React.extendClass` 方法可用。然而，正如在构建网页时不会扩展 HTML DOM 节点那样，React 组件是不可以扩展的，而是通过组件之间的组合来构建应用。

---

[1] React 0.13.0 引入了组件的 class 写法，`React.createClass` 不再是创建模块的唯一写法。——译者注

React 信奉可组合性，你可以混合搭配各种子组件来构成复杂且强大的新组件。举个例子，我们来考虑用户会怎样回答一个调查问卷的问题。特别看一下负责渲染一个选择题并获取用户答案的 AnswerMultipleChoiceQuestion 组件。

> 我们有一个贯穿全书的示例项目，一个问卷制作工具，你可以在 *https: //github.com/backstopmedia/bleeding-edge-sample-app* 阅读全部源码。

显然问卷是基于基础的 HTML 表单元素制作的。要通过封装默认的 HTML input 元素和定制它们的行为来制作这套问卷回答组件。

组件复合的例子

一个渲染选择题的组件要满足以下几个条件：

- 接收一组选项作为输入。
- 把选项渲染给用户。
- 只允许用户选择一个选项。

HTML 提供了一些基本的元素——单选类型的输入框和表单组（input group），可以在这里使用。组件的层级从上往下看是这样的：

MultipleChoice → RadioInput → Input (type="radio")

这些箭头表示"有一个"。选择题组件 MulitpleChoice "有一个"单选框 RadioInput，单选框 RadioInput "有一个"输入框元素 Input。这是组合模式（composition pattern）的特征。

组装 HTML

让我们从下往上开始组装这个组件。React 在 React.DOM.input 的命名空间预定义了 input 组件，因此我们要做的第一件事情是把它封装进一个 RadioInput 组件。这个组件负责定制原本通用的 input，将其精缩成与单选按钮行为一致的组件。在对应的示例应用当中将其命名为 AnswerRadioInput。

先建立一个脚手架，其中包含所需的渲染方法和基本的标记，用以描述想输出的界面。组合模式开始显现，组件变成了特定类型的输入框。

```
var AnswerRadioInput = React.createClass({
  render: function () {
    return (
      <div className="radio">
```

```
      <label>
        <input type="radio" />
        Label Text
      </label>
    </div>
  );
  }
});
```

添加动态属性

现在 input 还没有内容是动态的,所以下一步需要定义父元素必须传给单选框的那些属性。

- 这个输入框代表什么值或者选项?(必填)
- 用什么文本来描述它?(必填)
- 这个输入框的 name 是什么?(必填)
- 也许需要自定义 id。
- 也许要重载它的默认值。

有了上述列表以后我们就可以定义这个自定义 input 的属性类型了。我们把这些添加到类的 PropTypes 对象当中。

```
var AnswerRadioInput = React.createClass({
  propTypes: {
    id: React.PropTypes.string,
    name: React.PropTypes.string.isRequired,
    label: React.PropTypes.string.isRequired,
    value: React.PropTypes.string.isRequired,
    checked: React.PropTypes.bool
  },
  ...
});
```

对于每个非必需的属性我们需要为其定义一个默认值。把它们添加到 getDefaultProps 方法当中。在每个新的实例当中,如果父组件没有提供给它们数值,这些值就会被使用。

由于这个方法只会在类上调用一次,而不是在每个实例上都调用,因此不能在这里提供 id ——每个实例应该保持 id 的唯一性。这个问题可以用接下来要讲的状态(state)来解决。

React:引领未来的用户界面开发框架

```
var AnswerRadioInput = React.createClass({
  propTypes: {...},
  getDefaultProps: function () {
    return {
      id: null,
      checked: false
    };
  },
  ...
});
```

追踪状态

我们的组件需要记录随时间而变化的数据。尤其是对于每个实例来说都要求是唯一的 id，以及用户可以随时更新的 checked 值。那么我们来定义初始状态。

```
var AnswerRadioInput = React.createClass({
  propTypes: {...},
  getDefaultProps: function () {...},
  getInitialState: function () {
    var id = this.props.id ? this.props.id : uniqueId('radio-');
    return {
      checked: !!this.props.checked,
      id: id,
      name: id
    };
  },
  ...
});
```

现在你可以更新渲染标记，获取新动态的状态和属性了。

```
var AnswerRadioInput = React.createClass({
  propTypes: {...},
  getDefaultProps: function () {...},
  getInitialState: function () {...},
  render: function () {
```

```
    return (
      <div className="radio">
        <label htlmFor={this.props.id}>
          <input type="radio"
            name={this.props.name}
            id={this.props.id}
            value={this.props.value}
            checked={this.state.checked} />
          {this.props.label}
        </label>
      </div>
    );
  }
});
```

整合到父组件当中

现在这个组件已经足够完善，可以用到一个父组件中了。接下来我们来构建下一层——AnswerMultipleChoiceQuestion。这一层的主要作用是渲染一列选项让用户从中选择。按照上面介绍的模式，我们来创建这个组件基本的 HTML 和默认属性。

```
var AnswerMultipleChoiceQuestion = React.createClass({
  propTypes: {
    value: React.PropTypes.string,
    choices: React.PropTypes.array.isRequired,
    onCompleted: React.PropTypes.func.isRequired
  },
  getInitialState: function() {
    return {
      id: uniqueId('multiple-choice-'),
      value: this.props.value
    };
  },
  render: function() {
    return (
      <div className="form-group">
```

```
      <label className="survey-item-label" htmlFor={this.state.id}>
        {this.props.label}
      </label>
      <div className="survey-item-content">
        <AnswerRadioInput ... />
          ...
        <AnswerRadioInput ... />
      </div>
    </div>
  );
  }
});
```

为了生成一列单选框子组件，我们需要对选项列表进行映射，把每一个项转化为一个组件。这一点通过辅助函数很容易就处理好了，如下。

```
var AnswerMultipleChoiceQuestion = React.createClass({
  ...
  renderChoices: function() {
    return this.props.choices.map(function(choice, i) {
      return AnswerRadioInput({
        id: "choice-" + i,
        name: this.state.id,
        label: choice,
        value: choice,
        checked: this.state.value === choice
      });
    }.bind(this));
  },
  render: function() {
    return (
      <div className="form-group">
        <label className="survey-item-label" htmlFor={this.state.id}>
          {this.props.label}
        </label>
        <div className="survey-item-content">
          {this.renderChoices()}
```

```
        </div>
      </div>
    );
  }
});
```

现在 React 的可组合性显得更清晰了。从一个通用的输入框（input）开始，将其定制为一个单项框，最终将其封装进一个选择题组件——一个高度定制具备特定功能的表单控件。现在渲染一列选项就简单了：

```
<AnswerMultipleChoiceQuestion choices={arrayOfChoices} ... />
```

可能有些读者注意到了少了点什么——单选框没办法把变化通知给父组件。父组件需要关联 AnswerRadioInput 子组件才能知道子组件的更新，并把子组件转成正确的问卷结果传给服务端。这给我们引出了父组件和子组件关系的问题。

父组件、子组件关系

到这里我们已经可以把一个表单渲染到屏幕上了，不过注意我们还没有赋予组件获取用户的修改的能力。AnswerRadioInput 组件还没有能力和它的父组件通信。

子组件与其父组件通信的最简单方式就是使用属性（props）。父组件需要通过属性传入一个回调函数，子组件在需要时进行调用。

首先需要定义 AnswerMultipleChoiceQuestion 在其子组件变更后要做什么。添加一个 handleChanged 方法然后把它传递给所有的 AnswerRadioInput 组件。

```
var AnswerMultipleChoiceQuestion = React.createClass({
  ...
  handleChanged: function(value) {
    this.setState({value: value});
    this.props.onCompleted(value);
  },
  renderChoices: function() {
    return this.props.choices.map(function(choice, i) {
      return AnswerRadioInput({
        ...
        onChanged: this.handleChanged
      });
    }.bind(this));
```

```
    },
    ...
});
```

现在需要让每个单选框监听用户更改，然后把数值向上传递给父组件。这需要将一个事件
处理器关联到输入框的 onChange 事件上。

```
var AnswerRadioInput = React.createClass({
  propTypes: {
    ...
    onChanged: React.PropTypes.func.isRequired
  },
  handleChanged: function (e) {
    var checked = e.target.checked;
    this.setState({checked: checked});
    if(checked) {
      this.props.onChanged(this.props.value);
    }
  },
  render: function () {
    return (
      <div className="radio">
        <label htmlFor={this.state.id}>
          <input type="radio"
            ...
            onChange={this.handleChanged} />
          {this.props.label}
        </label>
      </div>
    );
  }
});
```

总结

现在我们已经见过 React 是怎样使用组合模式的，以及如何帮助我们封装 HTML 元素或者自定义组件、按照自己的需求定制它们的行为。随着我们对组件进行复合，它们变得更加明确和语义化了。像这样，React 把通用的输入控件

`<input type="radio" ... />`

变得具备了更多的意义，

`<AnswerRadioInput ... />`

最终得到单个组件，可以把一组数据转变成一个可交互的用户界面。

`<AnswerMultipleChoiceQuestion choices={arrayOfChoices} ... />`

组件的复合只是 React 提供的用于定制和特殊化组件的方式之一。React 的 mixin 提供了另一种途径，帮助我们定义可以在多组件之间共享的方法。接下来，我们将学习怎样定义 mixin，以及如何使用它们来共享通用的代码。

第 *7* 章

mixin

第 6 章提到过，mixin 允许我们定义可以在多个组件中共用的方法。让我们更详细地探究这一点。

什么是 mixin

在 React 的主页上有这样一段定时器组件的例子：

```
var Timer = React.createClass({
  getInitialState: function() {
    return {secondsElapsed: 0};
  },
  tick: function() {
    this.setState({secondsElapsed: this.state.secondsElapsed + 1});
  },
  componentDidMount: function() {
    this.interval = setInterval(this.tick, 1000);
  },
  componentWillUnmount: function() {
    clearInterval(this.interval);
  },
  render: function() {
    return (
```

```
      <div>Seconds Elapsed: {this.state.secondsElapsed}</div>
    );
  }
});
```

这些代码看起来不错，不过我们有多个组件都要使用定时器，执行的都是上面这段代码。这个时候就轮到 mixin 大显神威了。我们想最终实现一个像下面这样的定时器组件：

```
var Timer = React.createClass({
  mixins: [IntervalMixin(1000)],
  getInitialState: function() {
    return {secondsElapsed: 0};
  },
  onTick: function() {
    this.setState({secondsElapsed: this.state.secondsElapsed + 1});
  },
  render: function() {
    return (
      <div>Seconds Elapsed: {this.state.secondsElapsed}</div>
    );
  }
});
```

mixin 相当简单，它们就是混合进组件类中的对象而已。React 在这方面实现得更加深入，它能防止静默函数覆盖，同时还支持多个 mixin 混合。这些功能在别的系统中可能引起冲突。举个例子：

```
React.createClass({
  mixins: [{
    getInitialState: function(){ return {a: 1} }
  }],
  getInitialState: function(){ return {b: 2} }
});
```

我们在 mixin 和组件类中同时定义了 getInitialState 方法，得到的初始 state 是 {a: 1, b: 2}。如果 mixin 中的方法和组件类中的方法返回的对象中存在重复的键，React 会抛出一个错误来警示这个问题。

以 component 开头的生命周期方法，如 componentDidMount，会按照在 mixin 数组中定义的顺序被调用，并最终调用组件类中定义的 componentDidMount，如果它存在的话。

React：引领未来的用户界面开发框架

回到我们之前的例子，我们需要实现一个 IntervalMixin。有时候单独一个对象足以完成 mixin 工作，然而其他情况下我们需要用一个函数来返回这个对象。在这个例子中，我们希望能够指定时间间隔。

```
var IntervalMixin = function(interval) {
  return {
    componentDidMount: function() {
      this.__interval = setInterval(this.onTick, interval);
    },
    componentWillUnmount: function() {
      clearInterval(this.__interval);
    }
  };
};
```

这样实现很不错，但是也有一定的局限性。我们不能拥有多个定时器，用户也不能选择处理定时器的函数，而且我们也不能手动终止这个定时器，除非使用内部属性 __interval。要解决这些问题，我们的 mixin 需要一个公共 API。

下面这个例子简单地展示了自 2014 年 1 月 1 日到目前为止的总秒数。这段代码相对长了一些，但却更加灵活、强大。

```
var IntervalMixin = {
  setInterval: function(callback, interval){
    var token = setInterval(callback, interval);
    this.__intervals.push(token);
    return token;
  },
  componentDidMount: function() {
    this.__intervals = [];
  },
  componentWillUnmount: function() {
    this.__intervals.map(clearInterval);
  }
};

var Since2014 = React.createClass({
  mixins: [IntervalMixin],
```

```
componentDidMount: function(){
    this.setInterval(this.forceUpdate.bind(this), 1000);
},
render: function() {
    var from = Number(new Date(2014, 0, 1));
    var to = Date.now();
    return (
        <div>{Math.round((to-from) / 1000)}</div>
    );
}
});
```

关于 mixin 的例子还有很多，我们无法在这里全部展示，然而下面几种用法值得参考：

- 一个监听事件并修改 state 的 mixin （如 flux store mixin）。
- 一个上传 mixin，它负责处理 XHR 上传请求，同时将状态以及上传的进度同步到 state。
- 渲染层 mixin，简化在 </body> 之前渲染子元素的过程（如渲染模态对话框）。

总结

mixin 是解决代码段重复的最强大工具之一，它同时还能让组件保持专注于自身的业务逻辑。mixin 允许我们使用强大的抽象功能，甚至有些问题如果没有 mixin 就无法被优雅地解决。

即使我们只打算在单个组件中使用一个 mixin，它还是为我们提供了描述一个特定行为或角色并提供给该组件的能力。mixin 减少了我们在了解整个组件之前需要阅读的代码量，同时允许我们在不污染组件本身的情况下做一些丑陋的处理（比如管理内部属性 __interval）。

当阅读下一章关于 DOM 的内容时，思考一下你能从组件中抽离出来的行为或者角色，最好亲自动手实践一下。

第 **8** 章

DOM 操作

多数情况下，React 的虚拟 DOM 足以用来创建你想要的用户体验，而根本不需要直接操作底层真实的 DOM。通过将组件组合到一起，你可以把复杂的交互聚合为呈现给用户的连贯整体。

然而，在某些情况下，为了实现某些需求就不得不去操作底层的 DOM。最常见的场景包括：需要与一个没有使用 React 的第三方类库进行整合，或者执行一个 React 没有原生支持的操作。

为了使这些操作变得容易，React 提供了一个可用于处理受其自身控制的 DOM 节点的方法。这些方法仅在组件生命周期的特定阶段才能被访问到。不过，使用它们足以应对上述场景。

访问受控的 DOM 节点

想要访问受 React 控制的 DOM 节点，首先必须能够访问到负责控制这些 DOM 的组件。这可以通过为子组件添加一个 ref 属性来实现。

```
var DoodleArea = React.createClass({
  render: function() {
    return <canvas ref="mainCanvas" />;
  }
});
```

这样，你就可以通过 this.refs.mainCanvas 访问到 <canvas> 组件。如你所想，你必须保证赋给每个子组件的 ref 值在所有子组件中是唯一的；如果你为另一个子组件的 ref 也赋值为 mainCanvas，那么操作就会失效。

一旦访问到了我们刚刚讨论的子组件，就可以通过它的 getDOMNode() 方法访问到底层的 DOM 节点。然而请不要试图在 render 方法中这样做。因为，在 render 方法完成并且 React 执行更新之前，底层的 DOM 节点可能不是最新的（甚至尚未创建）。

同样，直到组件被挂载你才能去调用 getDOMNode() 方法——此时，componentDidMount 事件处理器将会被触发。

```
var DoodleArea = React.createClass({
  render: function() {
    // render 方法调用时，组件还未挂载，所以这将引起异常！
    this.getDOMNode();

    return <canvas ref="mainCanvas" />
  },

  componentDidMount: function() {
    var canvasNode = this.refs.mainCanvas.getDOMNode()
    // 这里是有效的！我们现在可以访问到 HTML5 Canvas 节点，并且可以在它上面随意
    // 调用 painting 方法。
  }
});
```

注意，componentDidMount 内部并不是 getDOMNode 方法的唯一执行环境。事件处理器也可以在组件挂载后触发，所以你可以在事件处理器中调用 getDOMNode，就像在 componentDidMount 方法中一样简单。

```
var RichText = React.createClass({
  render: function() {
    return <div ref="editableDiv" contentEditable="true"
      onKeyDown={this.handleKeyDown}>;
  },

  handleKeyDown: function() {
    var editor = this.refs.editableDiv.getDOMNode();
    var html = editor.innerHTML;

    // 现在我们可以存储用户已经输入的 HTML 内容！
```

```
  }
});
```

上面的例子创建了一个带有 contentEditable 属性（值为 true）的 div，允许用户在其内部输入富文本。

尽管 React 本身并没有提供访问组件原生 HTML 内容的方法，但是 keyDown 处理器可以访问到 div 对应的底层 DOM 节点。换言之，它可以访问原生的 HTML。在此处，你可以保存用户已经输入内容的一份拷贝，计算并展示出文字的个数，等等。

请记住，尽管 refs 和 getDOMNode 很强大，但请在没有其他的方式能够实现你需要的功能时再去选择它们。使用它们会成为 React 在性能优化上的障碍，并且会增加应用的复杂性。所以，只有当常规的技术无法完成所需的功能时，才应该考虑它们。

整合非 React 类库

有很多好用的 JavaScript 类库并没有使用 React 构建。一些类库不需要访问 DOM（比如日期和时间操作库），但如果需要使用它们，保持它们的状态和 React 的状态之间的同步是成功整合的关键。

假设你需要使用一个 autocomplete 类库，包括了下面的示例代码：

```
autocomplete({
  target: document.getElementById("cities"),
  data: [
    "San Francisco",
    "St. Louis",
    "Amsterdam",
    "Los Angeles"
  ],
  events: {
    select: function(city) {
      alert("You have selected the city of " + city);
    }
  }
});
```

这个 autocomplete 函数需要一个目标 DOM 节点、一个用作数据展现的字符串清单，以及一些事件监听器。为了兼得 React 和该类库的优势，我们从创建一个使用了这两个库的 React 组件开始。

```
var AutocompleteCities = React.createClass({
  render: function() {
    return <div id="cities" ref="autocompleteTarget" />;
  },

  getDefaultProps: function() {
    return {
        data: [
        "San Francisco",
        "St. Louis",
        "Amsterdam",
        "Los Angeles"
      ]
    };
  },

  handleSelect: function(city) {
    alert("You have selected the city of " + city);
  }
});
```

为了将该类库封装到 React 中，需要添加一个 componentDidMount 处理器。它可以通过 autocompleteTarget 所指向子组件的底层 DOM 节点来连接这两个接口。

```
var AutocompleteCities = React.createClass({
  render: function() {
    return <div id="cities" ref="autocompleteTarget" />;
  },

  getDefaultProps: function() {
    return {
      data: [
        "San Francisco",
        "St. Louis",
        "Amsterdam",
        "Los Angeles"
      ]
```

```
    };
  },

  handleSelect: function(city) {
    alert("You have selected the city of " + city);
  },

  componentDidMount: function() {
    autocomplete({
      target: this.refs.autocompleteTarget.getDOMNode(),
      data: this.props.data,
      events: {
        select: this.handleSelect
      }
    });
  }
});
```

注意，componentDidMount 方法只会为每个 DOM 节点调用一次。因此我们不用担心，在同一个节点上两次调用 autocomplete 方法（这个示例中）是否会有副作用。

也就是说，需要记住该组件可能被移除，然后在其他的 DOM 节点上重新渲染，如果在 componentDidMount 方法内导致了 DOM 节点无法被移除，有可能导致内存泄漏或者其他的问题。如果你担心这一点，请确保指定一个 componentWillUnmount 监听器，用于在组件的 DOM 节点移除时清理它自身。

侵入式插件

在我们的 autocomplete 示例中，我们假设 autocompolete 是一个出色的插件，它仅仅会修改自己的子元素。但不幸的是，事实往往并非如此。

我们需要把这些额外的操作在 React 中隐藏掉，否则可能会遇到 DOM 被意外修改的错误。我们同样有必要添加额外的清理工作。

在这个示例中，我们虚构了一个 jQuery 插件，它触发了自定义事件，并且修改了它所依附的元素。假如我们使用了一个非常糟糕的插件，它修改了父元素，我们无能为力，并且它和 React 不兼容。这时最好的做法就是找另一个插件或者修改它的源码。

面对这类侵入式的插件，保护好 React 的最佳方式就是把 DOM 操控权完全交给我们自己。

React 会认为下面的组件渲染了一个单独的 div，它没有子元素，也没有 props。

```
var SuperSelect = React.createClass({
  render: function(){
    return;
  }
});
```

我们在 componentDidMount 方法中做一些烦琐而丑陋的初始化工作。

```
var SuperSelect = React.createClass({
  render: function(){
    return;
  },
  componentDidMount: function(){

    var el = this.el = document.createElement('div');
    this.getDOMNode().appendChild(el);
    $(el).superSelect(this.props);
    $(el).on('superSelect', this.handleSuperSelectChange);

  },
  handleSuperSelectChange: function() {
    ...
  }
});
```

此时，在组件渲染好的 div 内又插入了一个 div，我们自己可以控制内层 div。这同样意味着我们有责任去完成清理工作。

```
componentWillUnmount: function(){
  // 从 DOM 中移除节点
  this.getDOMNode().removeChild(this.el);

  // 移除 superSelect 上的所有监听器
  $(this.el).off();
}
```

除了这里的清理工作，最好能够查阅插件的文档，检查是否有清理这些节点的额外需要。它可能设置了全局的事件监听器、定时器或者初始 AJAX 请求，这些都需要被清理掉。

React：引领未来的用户界面开发框架

这里还需要一步操作，即处理更新。这可以通过两种方式触发：模拟卸载而后重新挂载，或者使用插件的更新操作 API。前者更可靠，而后者则更高效、清晰。

下面是卸载/重新挂载方案的代码。

```
componentDidUpdate: function(){
  this.componentWillUnmount();
  this.componentDidMount();
}
```

这里是一个假想的情形：

```
componentWillReceiveProps: function(nextProps){
  $(this.el).superSelect('update', nextProps);
}
```

封装其他类库和插件的难度与它们中存在的变量个数相关。可能是一个简单的 jQuery 插件，也可能是本身就带有插件的富文本编辑器。对于那些简单的插件，最好是通过将其重写为 React 组件的形式来封装它，而对于对复杂插件而言，可能完全没办法重写。

总结

当仅使用虚拟 DOM 无法满足需求时，可以考虑 ref 属性，它允许你访问指定的元素。并且在 componentDidMount 执行后，可以使用 getDOMNode 方法修改它们底层的 DOM 节点。

这允许你使用 React 没有原生支持的功能，或者与那些没有被设计成可以与 React 整合的第三方类库进行整合。

接下来，是时候看一下如何使用 React 创建和控制表单了。

第9章

表单

表单是应用必不可少的一部分，只要需要用户输入，哪怕是最简单的输入，都离不开表单。一直以来，单页应用中的表单都很难处理好，因为表单中充斥着用户变化莫测的状态。要管理好这些状态很费神，也很容易出现 bug。React 可以帮助你管理应用中的状态，自然也包括表单在内。

现在，你应该知道 React 组件的核心理念就是可预知性和可测试性。给定同样的 props 和 state，任何 React 组件都会渲染出一样的结果。表单也不例外。

在 React 中，表单组件有两种类型：约束组件和无约束组件。我们在本章将会学习二者的差异，以及在什么场景下选择哪种组件。

本章内容包括：

- React 中表单事件的使用。
- 使用约束的表单组件来控制数据输入。
- 如何使用 React 修改表单组件界面。
- 在 React 中，表单组件命名的重要性。
- 多个约束的表单组件的处理。
- 创建自定义的可复用的表单组件。
- 在 React 中使用 AutoFocus。
- 创建高可用性应用的建议。

上一章中，我们学习了如何访问 React 组件中的 DOM 元素。React 帮助我们把状态从 DOM 中抽离出来。尽管如此，对于某些复杂的表单组件还是需要访问它们的 DOM。

本书的示例项目问卷制作工具是以一种非标准的方式使用表单，因为表单元素都是基于问卷内容动态生成的。正因如此，本章中的示例同样传达了示例应用中的思路，这有助于你掌握如何在 React 中使用表单。

> 我们有一个贯穿全书的示例项目，一个问卷制作工具，你可以在 *https: //github.com/backstopmedia/bleeding-edge-sample-app* 阅读全部源码。

无约束的组件

你可能不想在很多重要的表单中使用无约束的组件，但它们会帮助你更好地理解约束组件的概念。无约束组件的构造与 React 中大多数据组件相比是反模式的。

在 HTML 中，表单组件与 React 组件的行为方式并不一致。给定 HTML 的 <input/> 一个值，这个 <input/> 的值仍是可以改变的。这正是无约束组件名称的由来，因为表单组件的值是不受 React 组件控制的。

在 React 中，这种行为与设置 <input/> 的 defaultValue 一致。

我们可以通过 defaultValue 属性设置 <input/> 的默认值。

```
// http://jsfiddle.net/pmsy5y2u/
var MyForm = React.createClass({
  render: function() {
    return <input type="text" defaultValue="Hello World!" />;
  }
});
```

上面这个例子展示的就是无约束组件。组件的 value 并非由父组件设置，而是让 <input/> 自己控制自己的值。

一个无约束的组件没有太大的用处，除非可以访问它的值。因此需要给 <input/> 添加一个 ref 属性，以访问 DOM 节点的值。

ref 是一个不属于 DOM 属性的特殊属性，用来标记 DOM 节点，可以通过 this 上下文访问这个节点。为了便于访问，组件中所有的 ref 都添加到了 this.refs 上。

下面我们在表单中添加一个 <input/>，并在表单提交时访问它的值。

```
// http://jsfiddle.net/opfktus4/
```

```
var MyForm = React.createClass({
  submitHandler: function(event) {
    event.preventDefault();
    // 通过 ref 访问输入框
    var helloTo = this.refs.helloTo.getDOMNode().value;
    alert(helloTo);
  },
  render: function() {
    return (
      <form onSubmit={this.submitHandler}>
        <input ref="helloTo" type="text" defaultValue="Hello World!" />
        <br />
        <button type="submit">Speak</button>
      </form>
    );
  }
});
```

无约束组件可以用在基本的无须任何验证或者输入控制的表单中。

约束组件

约束组件的模式与 React 其他类型组件的模式一致。表单组件的状态交由 React 组件控制，状态值被存储在 React 组件的 state 中。

如果想要更好地控制表单组件，推荐使用约束组件。

在约束组件中，输入框的值是由父组件设置的。

让我们把之前的例子改成约束组件：

```
// http://jsfiddle.net/1a8xr2z6/
var MyForm = React.createClass({
  getInitialState: function() {
    return {
      helloTo: "Hello World!"
    };
  },
  handleChange: function(event) {
```

```
    this.setState({
      helloTo: event.target.value
    });
  },
  submitHandler: function(event) {
    event.preventDefault();
    alert(this.state.helloTo);
  },
  render: function() {
    return (
      <form onSubmit={this.submitHandler}>
        <input type="text" value={this.state.helloTo}
          onChange={this.handleChange} />
        <br />
        <button type="submit">Speak</button>
      </form>
    );
  }
});
```

其中最显著的变化就是 <input/> 的值存储在父组件的 state 中。因此数据流有了清晰的定义。

- getInitialState 设置 defaultValue。
- <input/> 的值在渲染时被设置。
- <input/> 的值 onChange 时，change 处理器被调用。
- change 处理器更新 state。
- 在重新渲染时更新 <input/> 的值。

虽然与无约束组件相比，代码量增加了不少，但是现在可以控制数据流，在用户输入数据时更新 state。

示例：当用户输入的时候，把字符都转成大写。

```
handleChange: function(event) {
  this.setState({
    helloTo: event.target.value.toUpperCase()
  });
```

}

你可能会注意到，在用户输入数据后，小写字符转成大写形式并添加到输入框时，并不会发生闪烁。这是因为 React 拦截了浏览器原生的 change 事件，在 setState 被调用后，这个组件就会重新渲染输入框。然后 React 计算差异，更新输入框的值。

你可以使用同样的方式来限制可输入的字符集，或者限制用户向邮件地址输入框中输入不合法的字符。

你还可以在用户输入数据时，把它们用在其他的组件上。例如：

- 显示一个有长度限制的输入框还可以输入多少字符。
- 显示输入的 HEX 值所代表的颜色。
- 显示可自动匹配下拉列表的可选项。
- 使用输入框的值更新其他 UI 元素。

表单事件

访问表单事件是控制表单不同部分的一个非常重要的方面。

React 支持所有 HTML 事件。这些事件遵循驼峰命名的约定，且会被转成合成事件。这些事件是标准化的，提供了跨浏览器的一致接口。

所有合成事件都提供了 event.target 来访问触发事件的 DOM 节点。

```
handleEvent: function(syntheticEvent) {
  var DOMNode = syntheticEvent.target;
  var newValue = DOMNode.value;
}
```

这是访问约束组件的值的最简单方式之一。

Label

Label 是表单元素中很重要的组件，通过 Label 可以明确地向用户传达你的要求，提升单选框和复选框的可用性。

但 Label 与 for 属性有一个冲突的地方。因为如果使用 JSX，这个属性会被转换成一个 JavaScript 对象，且作为第一个参数传递给组件的构造器。但由于 for 属于 JavaScript 的一个保留字，所以我们无法把它作为一个对象的属性。

在 React 中，与 class 变成了 className 类似，for 也变成了 htmlFor。

```
// JSX
<label htmlFor="name">Name:</label>
```

```
// javascript
React.DOM.label({htmlFor:"name"}, "Name:");
```

```
// 渲染后
<label for="name">Name:</label>
```

文本框和 Select

React 对 <textarea/> 和 <select/> 的接口做了一些修改，提升了一致性，让它们操作起来更容易。

<textarea/> 被改得更像 <input/> 了，允许我们设置 value 和 defaultValue。

```
// 非约束的
<textarea defaultValue="Hello World" />
```

```
// 约束的
<textarea value={this.state.helloTo} onChange={this.handleChange} />
```

<select/> 现在接受 value 和 defaultValue 来设置已选项，我们可以更容易地对它的值进行操作。

```
// 非约束的
<select defaultValue="B">
  <option value="A">First Option</option>
  <option value="B">Second Option</option>
  <option value="C">Third Option</option>
</select>
```

```
// 约束的
<select value={this.state.helloTo} onChange={this.handleChange}>
  <option value="A">First Option</option>
  <option value="B">Second Option</option>
  <option value="C">Third Option</option>
```

```
</select>
```

React 支持多选 select。你需要给 value 和 defaultValue 传递一个数组。

```
// 非约束的
<select multiple="true" defaultValue={["A","B"]}>
  <option value="A">First Option</option>
  <option value="B">Second Option</option>
  <option value="C">Third Option</option>
</select>
```

当使用可多选的 select 时，select 组件的值在选项被选择时不会更新，只有选项的 selected 属性会发生变化。你可以使用 ref 或者 syntheticEvent.target 来访问选项，检查它们是否被选中。

在下面的例子中，handleChange 循环检查 DOM，并过滤出哪些选项被选中了。

```
// http://jsfiddle.net/yddy2ep0/
var MyForm = React.createClass({
  getInitialState: function() {
    return {
      options: ["B"]
    };
  },
  handleChange: function(event) {
    var checked = [];
    var sel = event.target;
    for (var i = 0; i < sel.length; i++) {
      var option = sel.options[i];
      if (option.selected) {
        checked.push(option.value);
      }
    }
    this.setState({
      options: checked
    });
  },
  submitHandler: function(event) {
    event.preventDefault();
```

React：引领未来的用户界面开发框架

```
      alert(this.state.options);
    },
    render: function() {
      return (
        <form onSubmit={this.submitHandler}>
          <select multiple="true" value={this.state.options}
            onChange={this.handleChange}>
              <option value="A">First Option</option>
              <option value="B">Second Option</option>
              <option value="C">Third Option</option>
          </select>
          <br />
          <button type="submit">Speak</button>
        </form>
      );
    }
});
```

复选框和单选框

复选框和单选框使用的则是另外一种完全不同的控制方式。

在 HTML 中，类型为 checkbox 或 radio 的 <input/> 与类型为 text 的 <input/> 的行为完全不一样。通常，复选框或者单选框的值是不变的，只有 checked 状态会变化。要控制复选框或者单选框，就要控制它们的 checked 属性。你也可以在非约束的复选框或者单选框中使用 defaultChecked。

```
// 非约束的 - http://jsfiddle.net/es83ydmn/
var MyForm = React.createClass({
  submitHandler: function(event) {
    event.preventDefault();
    alert(this.refs.checked.getDOMNode().checked);
  },
  render: function() {
    return (
      <form onSubmit={this.submitHandler}>
        <input
```

```
            ref="checked"
            type="checkbox"
            value="A"
            defaultChecked="true" />
        <br />
        <button type="submit">Speak</button>
      </form>
    );
  }
});


// 约束的 - http://jsfiddle.net/L8brrj25/
var MyForm = React.createClass({
  getInitialState: function() {
    return {
      checked: true
    };
  },
  handleChange: function(event) {
    this.setState({
      checked: event.target.checked
    });
  },
  submitHandler: function(event) {
    event.preventDefault();
    alert(this.state.checked);
  },
  render: function() {
    return (
      <form onSubmit={this.submitHandler}>
        <input
          type="checkbox"
          value="A"
          checked={this.state.checked}
          onChange={this.handleChange} />
```

```
        <br />
        <button type="submit">Speak</button>
      </form>
    );
  }
});
```

在这两个例子中，<input/> 的值一直都是 A，只有 checked 的状态在变化。

表单元素的 name 属性

在 React 中，name 属性对于表单元素来说并没有那么重要，因为约束表单组件已经把值存储到了 state 中，并且表单的提交事件也会被拦截。在获取表单值的时候，name 属性并不是必需的。对于非约束的表单组件来说，也可以使用 refs 来直接访问表单元素。

即便如此，name 仍然是表单组件中非常重要的一部分。

- name 属性可以让第三方表单序列化类库在 React 中正常工作。
- 对于仍然使用传统提交方式的表单来说，name 属性是必需的。
- 在用户的浏览器中，name 被用在自动填写常用信息中，比如用户地址等。
- 对于非约束的单选框组件来讲，name 是有必要的，它可作为这些组件分组的依据，确保在同一时刻，同一个表单中拥有同样 name 的单选框只有一个可以被选中。如果不使用 name 属性，这一行为可以使用约束的单选框实现。

下面这个例子把状态存储在 MyForm 组件中，实现了非约束单选框具备的分组功能。请注意，这里并没有使用 name 属性。

```
// http://jsfiddle.net/8qzu1eos/
var MyForm = React.createClass({
  getInitialState: function() {
    return {
      radio: "B"
    };
  },
  handleChange: function(event) {
    this.setState({
      radio: event.target.value
    });
```

```
  },
  submitHandler: function(event) {
    event.preventDefault();
    alert(this.state.radio);
  },
  render: function() {
    return (
      <form onSubmit={this.submitHandler}>
        <input
          type="radio"
          value="A"
          checked={this.state.radio == "A"}
          onChange={this.handleChange} /> A
        <br />
        <input
          type="radio"
          value="B"
          checked={this.state.radio == "B"}
          onChange={this.handleChange} /> B
        <br />
        <input
          type="radio"
          value="C"
          checked={this.state.radio == "C"}
          onChange={this.handleChange} /> C
        <br />
        <button type="submit">Speak</button>
      </form>
    );
  }
});
```

多个表单元素与 change 处理器

在使用约束的表单组件时，没人愿意重复地为每一个组件编写 change 处理器。还好有几种方式可以在 React 中重用一个事件处理器。

示例一：通过 .bind 传递其他参数。

```
// http://jsfiddle.net/wyzvLhkb/
var MyForm = React.createClass({
  getInitialState: function() {
    return {
      given_name: "",
      family_name: ""
    };
  },
  handleChange: function(name, event) {
    var newState = {};
    newState[name] = event.target.value;
    this.setState(newState);
  },
  submitHandler: function(event) {
    event.preventDefault();
    var words = [
      "Hi", this.state.given_name, this.state.family_name
    ];
    alert(words.join(" "));
  },
  render: function() {
    return (
      <form onSubmit={this.submitHandler}>
        <label htmlFor="given_name">Given Name:</label>
        <br />
        <input
          type="text"
          name="given_name"
          value={this.state.given_name}
          onChange={this.handleChange.bind(this,'given_name')}/>
```

```
      <br />
      <label htmlFor="family_name">Family Name:</label>
      <br />
      <input
        type="text"
        name="family_name"
        value={this.state.family_name}
        onChange={this.handleChange.bind(this,'family_name')}/>
      <br />
      <button type="submit">Speak</button>
    </form>
  );
  }
});
```

示例二：使用 DOMNode 的 name 属性来判断需要更新哪个组件的状态。

```
// http://jsfiddle.net/q3g0sk84/
var MyForm = React.createClass({
  getInitialState: function() {
    return {
      given_name: "",
      family_name: ""
    };
  },
  handleChange: function(event) {
    var newState = {};
    newState[event.target.name] = event.target.value;
    this.setState(newState);
  },
  submitHandler: function(event) {
    event.preventDefault();
    var words = [
      "Hi", this.state.given_name, this.state.family_name
    ];
    alert(words.join(" "));
  },
```

```
    render: function() {
      return (
        <form onSubmit={this.submitHandler}>
          <label htmlFor="given_name">Given Name:</label>
          <br />
          <input
            type="text"
            name="given_name"
            value={this.state.given_name}
            onChange={this.handleChange}/>
          <br />
          <label htmlFor="family_name">Family Name:</label>
          <br />
          <input
            type="text"
            name="family_name"
            value={this.state.family_name}
            onChange={this.handleChange}/>
          <br />
          <button type="submit">Speak</button>
        </form>
      );
    }
});
```

上面这两个例子很相似，解决同样的问题，但使用了不同的方式。React 还在 addon 中提供了一个 mixin，React.addons.LinkedStateMixin，通过另一种方式解决同样的问题。

React.addons.LinkedStateMixin 为组件提供了一个 linkState 方法。linkState 返回一个对象，包含 value 和 requestChange 两个属性。

value 根据提供的 name 属性从 state 中获取对应的值。

requestChange 是一个函数，使用新的值更新同名的 state。

```
this.linkState('given_name');

// 返回
{
```

```
      value: this.state.given_name,
      requestChange: function(newValue) {
        this.setState({
          given_name: newValue
        });
      }
    }
```

需要把这个对象传递给一个 React 特有的非 DOM 属性 valueLink。valueLink 使用对象提供的 value 更新表单域的值，并提供一个 onChange 处理器，当表单域更新时使用新的值调用 requestChange。

```
// http://jsfiddle.net/be5e5oqt/
var MyForm = React.createClass({
  mixins: [React.addons.LinkedStateMixin],
  getInitialState: function() {
    return {
      given_name: "",
      family_name: ""
    };
  },
  submitHandler: function(event) {
    event.preventDefault();
    var words = [
      "Hi", this.state.given_name, this.state.family_name
    ];
    alert(words.join(" "));
  },
  render: function() {
    return (
      <form onSubmit={this.submitHandler}>
        <label htmlFor="given_name">Given Name:</label>
        <br />
        <input
          type="text"
          name="given_name"
          valueLink={this.linkState('given_name')} />
```

```
      <br />
      <label htmlFor="family_name">Family Name:</label>
      <br />
      <input
        type="text"
        name="family_name"
        valueLink={this.linkState('family_name')} />
      <br />
      <button type="submit">Speak</button>
    </form>
  );
 }
});
```

这种方法便于控制表单域，把其值保存在父组件的 state 中。而且，其数据流仍然与其他约束的表单元素保持一致。

但是，使用这种方式往数据流中添加定制功能时，复杂度会增加。我们建议只在特定的场景下使用。因为传统约束表单组件提供了同样的功能而且更加灵活。

自定义表单组件

自定义组件是一种极好方式，可以在项目中复用共有的功能。同时，也不失为一种将交互界面提升为更加复杂的表单组件（比如复选框组件或单选框组件）的好方法。

当编写自定义组件时，接口应当与其他表单组件保持一致。这可以帮助用户理解代码，明白如何使用自定义组件，且无须深入到组件的实现细节里。

我们来创建一个自定义的单选框组件，其接口与 React 的 select 组件保持一致。我们不打算实现多选功能，因为单选框组件本来就不支持多选。

```
var Radio = React.createClass({
  propTypes: {
    onChange: React.PropTypes.func
  },
  getInitialState: function() {
    return {
      value: this.props.defaultValue
    };
```

```
  },
  handleChange: function(event) {
    if (this.props.onChange) {
      this.props.onChange(event);
    }
    this.setState({
      value: event.target.value
    });
  },
  render: function() {
    var children = {};
    var value = this.props.value || this.state.value;

    React.Children.forEach(this.props.children, function(child, i) {
      var label = (
        <label>
          <input
            type="radio"
            name={this.props.name}
            value={child.props.value}
            checked={child.props.value == value}
            onChange={this.handleChange} />
          {child.props.children}
          <br/>
        </label>
      );

      children['label' + i] = label;
    }.bind(this));

    return this.transferPropsTo(<span>{children}</span>);
  }
});
```

我们创建了一个同时支持约束和非约束接口的约束组件。

首先要确保的就是传递给 onChange 属性的值的类型必须是函数。然后，把 defaultValue 保存到 state 中。

组件每次渲染时，都会基于传递给组件的选项（作为子元素传进来）来创建标签和单选框。同时我们还需要确保每次渲染时插入的子元素都有相同的 key。这样 React 会把 <input/> 保留在 DOM 中，当用户使用键盘时，React 可以维护当前的 focus 状态。

接下来设置状态 value、name 和 checked，绑定 onChange 处理器，然后渲染新的子元素。

```
// 非约束的
// http://jsfiddle.net/moyfLkfv/
var MyForm = React.createClass({
  submitHandler: function(event) {
    event.preventDefault();
    alert(this.refs.radio.state.value);
  },
  render: function() {
    return (
      <form onSubmit={this.submitHandler}>
        <Radio ref="radio" name="my_radio" defaultValue="B">
          <option value="A">First Option</option>
          <option value="B">Second Option</option>
          <option value="C">Third Option</option>
        </Radio>
        <button type="submit">Speak</button>
      </form>
    );
  }
});
```

当使用非约束组件时，我们不得不改变一下接口。因为当调用 this.refs.radio 的 .getDOMNode 方法时，得到的是 DOMNode，而不是处于激活状态的 <input/>。在 React 中我们无法更改 getDOMNode() 的实现来重写这种行为。

因为值已经被保存到了组件的 state 中，所以我们无须再从 DOMNode 中获取，直接从 state 中获取即可。

```
// 约束的
// http://jsfiddle.net/cwabLksg/
var MyForm = React.createClass({
```

```
getInitialState: function() {
  return {
    my_radio: "B"
  };
},
handleChange: function(event) {
  this.setState({
    my_radio: event.target.value
  });
},
submitHandler: function(event) {
  event.preventDefault();
  alert(this.state.my_radio);
},
render: function() {
  return (
    <form onSubmit={this.submitHandler}>
      <Radio name="my_radio"
      value={this.state.my_radio}
      onChange={this.handleChange}
        <option value="A">First Option</option>
        <option value="B">Second Option</option>
        <option value="C">Third Option</option>
      </Radio>
      <button type="submit">Speak</button>
    </form>
  );
}
});
```

作为约束组件来使用时，操作起来与一个多选框没什么区别。传递给 onChange 的事件直接来自于被选中的 <input/>。因此，你可以通过它来读取当前的值。

作为练习，你可以尝试实现对 valueLink 属性的支持，这样就可以把这个组件与 React.add-ons.LinkedStateMixin 结合起来使用了。

Focus

控制表单组件的 focus 可以很好地引导用户按照表单逻辑逐步填写，而且还可以减少用户的操作，增强可用性。更多的优点将在下一小节中讨论。

因为 React 的表单并不总是在浏览器加载时被渲染的，所以表单的输入域的自动聚焦操作起来有点不一样。React 实现了 autoFocus 属性，因此在组件第一次挂载时，如果没有其他的表单域聚焦时，React 就会把焦点放到这个组件对应的表单域中。下面这个简单 HTML 表单就是通过 autoFocus 来聚焦的：

```
// jsx
<input type="text" name="given_name" autoFocus="true" />
```

还有一种方法就是调用 DOMNode 的 focus() 方法，手动设置表单域聚焦。

可用性

React 虽然可以提高开发者的生产力，但是也有不尽如人意的地方。

使用 React 编写出来的组件常常缺乏可用性。例如，有的表单缺乏对键盘操作的支持，要提交表单只能通过超链接的 onClick 事件，而无法通过在键盘上敲击回车键来实现，而这明明是 HTML 表单默认的提交方式。

要编写具有高可用性的好组件其实也不难。只是编写组件时需要花时间进行更多的思考。好用的组件源于对各种细节的雕琢。

下面是一些创建具备可用性的表单的最佳实践，当然它们不是 React 所特有的。

把要求传达清楚

无论对于应用程序的哪部分来说，好的沟通都是非常重要的，对表单来说尤其如此。

要告诉用户该往表单中填入什么内容，一种不错的方式是使用 HTML label。而且 HTML label 还向用户提供了另一种与类似单选框或者复选框这样的组件进行交互的方式。

placeholder 可以用来显示输入示例或作为没有数据输入时的默认值。有一种常见的误用就是在 placeholder 中显示验证提示，当用户开始输入时验证提示就消失了——这非常不好。更好的做法是在输入框旁边显示验证提示，或者当验证规则没有满足时弹出来。

不断地反馈

紧接着上一条原则，尽可能快地为用户提供反馈也很重要。

出错验证是一个不断反馈的好例子。众所周知，在验证不通过时显示错误信息可以提升表单的可用性。在网页应用的早期，所有用户必须等待表单完成提交之后才知道他们填写的内容是否都是对的。直接在浏览器中进行验证大幅度提高了可用性。对验证错误做出反馈的最佳时机就是在输入框 blur（失去焦点）时。

还有一点很重要，就是告知用户你正在处理他们的请求。尤其是针对那些需要一些时间来完成的操作。显示加载中、进度条或者发一些消息等都是不错的方式，它们可以告知用户应用并没有被卡住。用户有时会没有耐心，但是如果他们知道应用是在处理他们的请求时，他们可以很有耐心。

过渡和动画是另外一种告知用户应用正在做什么的好方式。请参阅第 10 章来学习如何在React 中使用动画和过渡。

迅速响应

React 拥有非常强大的渲染引擎。它可以非常显著地提升应用的速度。然而，有时候 DOM 的更新速度并不是拖慢应用的原因。

过渡动画就是一个不错的例子。过长的过渡动画可能会使用户产生挫败感，因为他们不得不等待过渡动画的完成才能继续使用应用。

应用之外的其他因素也可能影响应用的响应速度，比如长时间的 AJAX 调用或者糟糕的网络环境等。如何解决这类问题取决于特定的应用，甚至连开发者都无法控制，比如说第三方的服务。在这种情况下，重要的是给用户提供反馈，告知他们请求的状态。

请记住一点很重要的事情，就是速度是相对的，这取决于用户的感受。显得很快要比真的很快更重要。例如，当用户点击"喜欢"时，你可以在给服务器发送 AJAX 之前先增加喜欢数。如果 AJAX 调用要花费太长时间，这种方式会让用户感觉不到延迟。不过这种方式在错误处理方面会产生一些问题。

符合用户的预期

用户对事物如何工作有自己的预期。这种预期基于他们之前的经验。通常他们的这些经验并不是来自于你的应用。

如果你的应用长得像用户所在的平台，用户就会期望它遵循平台的默认行为。

意识到这一点后，你有两种选择：一种是遵循平台的默认行为，另一种是从根本上改变你的用户界面，这样你的应用就不需要模仿其他平台了。

一致性是可预期的另一种形式。如果在应用不同的部分交互是一致的，用户将会学会预测应用新功能的交互。这关系到你的应用所在的平台。

可访问

可访问性也是开发者和设计师在创建用户界面时容易忽略的一点。在考虑界面每一个细节的过程中，必须时刻将用户放在心里。如前所说，你的用户对于事物如何工作有自己的预期，这种预期是基于他们以往的经验的。

用户以往的经验同样会左右他们对不同输入方式的喜好。在某些情况下，他们使用特定的输入设备（比如键盘或者鼠标）时会碰到一些硬件方面的问题；在使用像显示器或者扬声器这样的输出设备时，也可能会碰到问题。

让应用的每个部分都支持全部的输入/输出类型是不现实的。重要的是理解用户的需求和喜好，并且先在这些方面发力。

一种极佳的测试应用的可访问性的方式就是只使用一种输入设备，例如键盘、鼠标或者触屏，来访问你的应用。这样可以突出该输入设备可用性的问题。

你还需要考虑如果用户的视力受损，他们是如何与你的应用交互的。对于这些用户来说，读屏软件就是他们的眼睛。

HTML5 有一个 Accessible Rich Internet Applications （ARIA）规范，它提供了为读屏软件这样的无障碍技术添加必要语义的方式。通过这种方式，我们就可以说明各个 UI 组件的 role（功能），以及在读屏软件活跃或其他情况下隐藏或者显示特定组件。

有很多不错的工具可以帮助你提升应用的可访问性，比如为 Google Chrome 开发的可访问性开发者工具等。

减少用户的输入

减少用户输入可以大幅提高应用的可用性。用户需要输入的内容越少，犯错的可能就越小，要思考的东西就越少。

如迅速响应小节里所说，用户的感觉很重要。包含很多输入域的大表单会让用户感觉到畏惧。将表单切割成较小的更加可控的部分会给用户带来输入不多的印象。反过来也能让用户专注于正在输入的数据。

自动填写是另外一种减少输入的好方法。利用用户浏览器自动填充数据的功能可以减少用户常用信息的重复填写，比如他们的地址或者支付信息。使用标准输入域的名称可以实现自动填写。

自动补全的方式可以引导正在输入信息的用户，这遵循持续反馈原则。例如，当用户在搜索一部电影时，自动补全有助于减少因误拼电影名而产生的问题。

还有一种有效减少输入的方法就是从之前输入的数据中提取信息。例如，如果用户正在输入信用卡信息，你可以根据前四个数字来判断信用卡的类型，然后帮助用户选上信用卡的类型。这不但可减少用户输入，而且还能提供验证的反馈给用户，表示他们输入的卡号是正确的。

自动聚焦是一种小巧但能有效提升表单可用性的方式。自动聚焦有助于引导用户找到数据输入的起始位置，用户就无须自己找寻了。这个小工具可以显著地提升用户开始输入数据的速度。

总结

React 把状态管理从 DOM 中提取到组件中，以此来帮助我们管理表单的状态。这允许我们更严格地控制对表单元素的操作，创建复杂的组件用于项目中。

表单是用户在应用中会碰到的最复杂的交互之一。在创建和组织表单组件时，要时刻考虑的重要一点就是表单的可用性。

接下来，你将学习如何为 React 组件添加动画，创建更吸引用户的应用。

第10章

动画

现在我们已经能够编写一组复杂的 React 组件了，接下来我们就来美化一下它们。动画可以让用户体验变得更加流畅与自然，而 React 的 TransitionGroup 插件配合 CSS3 可以让我们在项目中整合动画效果的工作变得易如反掌。

通常情况下，浏览器中的动画都拥有一套极其命令式的 API。你需要选择一个元素并主动移动它或者改变它的样式，以实现动画效果。这种方式与 React 的组件渲染、重渲染方式显得格格不入，因此 React 选择了一种偏声明式的方法来实现动画。

CSS 渐变组（CSS Transition Group）会在合适的渲染及重渲染时间点有策略地添加和移除元素的 class，以此来简化将 CSS 动画应用于渐变的过程。这意味着唯一需要你完成的任务就是给这些 class 写明合适的样式。

间隔渲染以牺牲性能为代价提供了更多的扩展性和可控性。这种方法需要更多次的渲染，但同时也允许你为 CSS 之外的内容（比如滚动条位置及 Canvas 绘图）添加动画。

CSS 渐变组

看一下我们的示例程序——问卷制作工具——是如何在问卷编辑器中渲染问题列表的。

```
<ReactCSSTransitionGroup transitionName='question'>
  {questions}
</ReactCSSTransitionGroup>
```

ReactCSSTransitionGroup 是一款插件，它在文件最顶部通过 var ReactCSSTransitionGroup = React.addons.ReactCSSTransitionGroup; 语句被引入。

它会自动在合适的时候处理组件的重渲染，同时根据当前的渐变状态调整渐变组的 class 以便实现组件样式的改变。

> 我们有一个贯穿全书的示例项目，一个问卷制作工具，你可以在 *https://github.com/backstopmedia/bleeding-edge-sample-app* 阅读全部源码。

给渐变 class 添加样式

按照惯例，为元素添加 transitionName='question' 意味着给它添加了 4 个 class：question-enter、question-enter-active、question-leave 及 question-leave-active。当子组件进入或退出 ReactCSSTransitionGroup 时，CSSTransitionGroup 插件会自动添加或移除这些 class。

下面是问卷编辑器中使用到的渐变样式：

```
.survey-editor .question-enter {
  transform: scale(1.2);
  transition: transform 0.2s cubic-bezier(.97,.84,.5,1.21);
}

.survey-editor .question-enter-active {
  transform: scale(1);
}

.survey-editor .question-leave {
  transform: translateY(0);
  opacity: 0;
  transition: opacity 1.2s, transform 1s cubic-bezier(.
52,-0.25,.52,.95);
}

.survey-editor .question-leave-active {
  opacity: 0;
  transform: translateY(-100%);
}
```

注意这些 .survey-editor 选择器并不是 ReactCSSTransitionGroup 需要的，它们只是简单

　　　　　　　　　　　　　　React：引领未来的用户界面开发框架

地用来确保这些样式只会在编辑器里生效。

渐变生命周期

question-enter 与 question-enter-active 的区别在于，question-enter 这个 class 是组件被添加到渐变组后即刻添加上的，而 question-enter-active 则是在下一轮渲染时添加的。这样的设计让你能轻松地定义渐变开始时的样式、结束时的样式以及如何进行渐变。

举个例子，当问卷编辑器中的问题被添加到列表时，它们首先被用 scale(1.2) 放大，然后渐变到正常的 scale(1) 状态，总共耗时 0.2 秒。这就创造出了一种你看到的跳出来的效果。

默认情况下，渐变组同时启用了进入和退出的动画，你可以通过给组件添加 transitionEnter ={false} 或 transitionLeave={false} 属性来禁用其中一个或全部禁用。除了可以控制选择哪些动画效果外，我们还能根据一个可配置的值在特定的情况下禁用动画，像这样：

```
<ReactCSSTransitionGroup transitionName='question'
  transitionEnter={this.props.enableAnimations}
  transitionLeave={this.props.enableAnimations}>
  {questions}
</ReactCSSTransitionGroup>
```

使用渐变组的隐患

使用渐变组时主要有两个重要的隐患需要注意。

首先，渐变组会延迟子组件的移除直到动画完成。这意味着如果你把一个列表的组件包裹进一个 ReactCSSTransitionGroup 中，却没有为 transitionName 属性指定的 class 明确任何 CSS，这些组件将永远无法被移除——甚至当你尝试不再渲染它们时也不可以。

其次，渐变组的每一个子组件都必须设置一个独一无二的 key 属性。渐变组使用这个属性来判断组件究竟是进入还是退出，因此如果没有设置 key 属性动画可能无法执行，同时组件也会变得无法移除。

注意，即使渐变组只有一个子元素，它也需要设置一个 key 属性。

间隔渲染

使用 CSS3 动画能够获得巨大的性能提升并拥有简洁的代码，但它们并不总是解决问题的正确工具。有些时候你必须要为较老的、不支持 CSS3 的浏览器做兼容，还有些时候你想为

CSS 属性之外的东西添加动画，比如滚动条位置或 Canvas 绘画。在这些情况下，间隔渲染能够满足我们的要求，但是相比 CSS3 动画来说，它会带来一定的性能损耗。

间隔渲染最基本的思想就是周期性地触发组件的状态更新，以明确当前处于整个动画时间中的什么阶段。通过在组件的 render 方法中加入这个状态值，组件能够在每次状态更新触发的重渲染中正确表示当前的动画阶段。

因为这种方法涉及多次重渲染，所以通常最好和 requestAnimationFrame 一起使用以避免不必要的渲染。不过，在 requestAnimationFrame 不被支持或不可用的情况下，降级到不那么智能的 setTimeout 就是唯一的选择了。

使用 requestAnimationFrame 实现间隔渲染

假设你希望使用间隔渲染将一个 div 从屏幕的一边移向另一边，可以通过给它添加 position: absolute 并随着时间变化不停更新 left 或 top 属性来实现。根据消耗时间内的变化总量，用 requestAnimationFrame 来实现这个动画应该可以得出一个流畅的动画。

下面是具体实现的例子。

```
var Positioner = React.createClass({
  getInitialState: function() { return {position: 0}; },

  resolveAnimationFrame: function() {
    var timestamp = new Date();
    var timeRemaining = Math.max(0, this.props.animationComple-
teTimestamp - timestamp);

    if (timeRemaining > 0) {
      this.setState({position: timeRemaining});
    }
  },

  componentWillUpdate: function() {
    if (this.props.animationCompleteTimestamp) {
      requestAnimationFrame(this.resolveAnimationFrame);
    }
  },
```

```
render: function() {
  var divStyle = {left: this.state.position};
  return <div style={divStyle}>This will animate!</div>
}
});
```

在这个例子中，组件的 props 中设置了一个名为 animationCompleteTimestamp 的值，它和 requestAnimationFrame 的回调中返回的时间戳一起被用来计算剩余多少位移。计算的结果存在 this.state.position 中，而 render 方法会用它来确定 div 的位置。

由于 requestAnimationFrame 被 componentWillUpdate 方法调用，所以只要组件的 props 有任何的变动（比如改变了 animationCompleteTimestamp）它就会被触发。它又包含了在 resolveAnimationFrame 中的 this.setState 调用。这意味着一旦 animationComleteTimestamp 被设置，组件就会自动调用后续的 requestAnimationFrame 方法，直到当前时间超过了 animationCompleteTimestamp 为止。

注意，这套逻辑只在基于时间戳的情况下成立。对 animationCompleteTimestamp 所做的改变会触发逻辑，而 this.state.position 的值完全依赖于当前时间与 animationCompleteTimestamp 的差。正因如此，render 方法可以自由地在各种动画中使用 this.state.position，包括设置滚动条位置、在 canvas 上绘画，以及任何中间状态。

使用 setTimeout 实现间隔渲染

尽管 requestAnimationFrame 总体上能够以最小的性能损耗实现最流畅的动画，但它在较老的浏览器上是无法使用的，而且它被调用的次数可能比你想象的更频繁（也更加无法预测）。在这些情况下你可以使用 setTimeout。

```
var Positioner = React.createClass({
  getInitialState: function() { return {position: 0}; },

  resolveSetTimeout: function() {
    var timestamp = new Date();
    var timeRemaining = Math.max(0, this.props.animationCompleteTimestamp
      - timestamp);
    if (timeRemaining > 0) {
      this.setState({position: timeRemaining});
    }
  },
```

```
componentWillUpdate: function() {
  if (this.props.animationCompleteTimestamp) {
    setTimeout(this.resolveSetTimeout, this.props.timeoutMs);
  }
},

render: function() {
  var divStyle = {left: this.state.position};

  return <div style={divStyle}>This will animate!</div>
  }
});
```

由于 setTimeout 接受一个显式的时间间隔，而 requestAnimationFrame 是自己来决定这个时间间隔的，因此这个组件需要额外依赖一个变量 this.props.timeoutMs，以此来明确要使用的间隔。

开源库 ReactTweenState 基于这种动画方式提供了一套方便的抽象接口。

总结

使用这些动画技术，你现在可以：

1. 在状态改变过程中，使用 CSS3 和渐变组高效地应用渐变动画。
2. 使用 requestAnimationFrame 为 CSS 之外的东西添加动画，如滚动条位置或 Canvas 绘画。
3. 当 requestAnimationFrame 不被支持时降级到 setTimeout 方法。

在下一章中，你会学到如何优化 React 性能！

第 11 章

性能优化

React 的 DOM diff 算法使我们能够在任意时间点高效地重新绘制整个用户界面，并保证最小程度的 DOM 改变。然而，也存在需要对组件进行细致优化的情况，这时就需要渲染一个新的虚拟 DOM 来让应用运行得更加高效。举例来说，该设计在组件树嵌套得非常深时就很有必要。本章将介绍一种简单的配置方法，你可以用它来加速应用程序。

shouldComponentUpdate

当一个组件更新时，无论是设置了新的 props 还是调用了 setState 方法或 forceUpdate 方法，React 都会调用该组件所有子组件的 render 方法。在大多数时候这样的操作都没有问题，但是在组件树深度嵌套或是 render 方法十分复杂的页面上，这可能会带来些许延迟。

有时候，组件的 render 方法会在不必要的情况下被调用。比如，组件在渲染的过程中并没有使用 props 或 state 的值，或者组件的 props 或 state 并没有在父组件重新渲染时发生改变。这意味着重新渲染这个组件会得到和已存在的虚拟 DOM 结构一模一样的结果，这样的计算过程是没有必要的。

React 提供了一个组件生命周期方法 shouldComponentUpdate，我们可以使用它来帮助 React 正确地判断是否需要调用指定组件的 render 方法。

shouldComponentUpdate 方法会返回一个布尔值。如果返回 false 就是告诉 React 不要调用组件的渲染方法，并使用之前渲染好的虚拟 DOM；如果返回 true 则是让 React 调用组件的渲染方法并计算出新的虚拟 DOM。在默认情况下，shouldComponentUpdate 方法永远都会返回 true，因此组件总是会调用 render 方法。

注意，在组件首次渲染时，shouldComponentUpdate 方法并不会被调用。

shouldComponentUpdate 方法接受两个参数，即新的 props 和新的 state，以帮助你决定是否应该重新渲染：

```
var SurveyEditor = React.createClass({
  shouldComponentUpdate: function(nextProps, nextState) {
    return nextProps.id !== this.props.id;
  }
});
```

对于给定同样的 props 和 state 总是渲染出同样结果的组件，我们可以添加 React.addons.PureRenderMixin 插件来处理 shouldComponentUpdate。

> 我们有一个贯穿全书的示例项目，一个问卷制作工具，你可以在 *https://github.com/backstopmedia/bleeding-edge-sample-app* 阅读全部源码。

这个插件会重写 shouldComponentUpdate 方法，并在该方法内对新老 props 及 state 进行对比，如果发现它们完全一致则返回 false，正如上面的例子那样。

在我们的示例项目中有几个组件就是这样的简单，比如 EditEssayQuestion 组件，我们可以这样用 React.addons.PureRenderMixin：

```
var EditEssayQuestion = React.createClass({
  mixin: [React.addons.PureRenderMixin],

  render: function () {
    var description = this.props.question.description || "";
    return (
      <EditQuestion type='essay' onRemove={this.handleRemove}>
        <label>Description</label>
        <input type='text' className='description' value={description}
         onChange={this.handleChange} />
      </EditQuestion>
    );
  },
  // ...
});
```

如果你的 props 或 state 结构较深或较复杂，对比的过程会比较缓慢。为了减少这种情况带来的问题，你可以考虑使用不可变的数据结构，比如我们将在第 13 章中详细介绍的 Immutable.js，或使用不可变性辅助插件。

不可变性辅助插件

在需要比较对象以确认是否更新时，使用不可变的数据结构能让你的 shouldComponentUpdate 方法变得更加简单。

我们可以使用 React.addons.update 来确保 <SurveyEditor /> 组件的不可变性，下面更新一下 change 事件处理器：

```
var update = React.addons.update;

var SurveyEditor = React.createClass({
  // ...

  handleDrop: function (ev) {
    var questionType = ev.dataTransfer.getData('questionType');
    var questions = update(this.state.questions, {
      $push: [{ type: questionType }]
    });

    this.setState({
      questions: questions,
      dropZoneEntered: false
    });
  },

  handleQuestionChange: function (key, newQuestion) {
    var questions = update(this.state.questions, {
      $splice: [[key, 1, newQuestion]]
    });

    this.setState({ questions: questions });
  },
```

```
handleQuestionRemove: function (key) {
  var questions = update(this.state.questions, {
    $splice: [[key, 1]]
  });

  this.setState({ questions: questions });
}

// ...
});
```

React.addons.update 接受一个数据结构和一个配置对象。你可以在配置对象中传入 $slice、$push、$unshift、$set、$merge 和 $apply。

深入调查拖慢你应用的部分

正如我们在前几小节中提到的那样，给组件添加一个自定义的 shouldComponentUpdate 方法能够在很大程度上优化程序。

React.addons.Perf 插件则能帮你找到添加 shoudComponentUpdate 方法的最佳位置。

让我们用 React.addons.Perf 来找出我们的问卷制作程序里比较慢的地方，尤其是在 <SurveryEditor/> 组件中。

首先，在 Chrome 开发者工具的控制台中运行 React.addons.Perf.start();。这个命令会启动采集快照。我们再在用户界面中拖动几个问题然后运行 React.addons.Perf.stop();，最后再在控制台中运行 React.addons.Perf.printWaster();。

这个命令输出以下结果：

> React.addons.Perf.printWasted()			
(index)	Owner > component	Wasted time (ms)	Instances
0	"ReactTransitionGroup >…	51.088000007439405	86
1	"SurveyEditor > Draggab…	19.280999898910522	28
2	"SurveyEditor > SurveyF…	10.835000139195472	28
3	"DraggableQuestions > M…	8.496999624185264	84
4	"SurveyEditor > ReactCS…	7.958000060170889	6
5	"AddSurvey > SurveyEdit…	3.349000005982816	1
6	"SurveyEditor > Divider"	2.7780000236816704	28
7	"EditMultipleChoiceQues…	2.5900001055561006	34
8	"SurveyForm > ReactDOMT…	2.0920000970363617	28
9	"SurveyForm > ReactDOMI…	1.800999918486923	28
10	"SurveyEditor > ReactDO…	1.7349999397993088	28
			ReactDefaultPerf.js:99
Total time: 136.04 ms			ReactDefaultPerf.js:106

React：引领未来的用户界面开发框架

对于 <ReactTransitionGroup/> 我们做不了太多的改变，因为我们无法控制它。但是简单地调整 <DraggableQuestions/> 组件的 shouldComponentUpdate 方法就能创造奇迹。<DraggableQuestions/> 实际上是一个相当简单的组件。它的构造方式意味着它永远都不需要更新，让我们把它的 shouldComponentUpdate 方法改为永远返回 false：

```
var DraggableQuestions = React.createClass({
  render: function () {
    return (
      <ul className="modules list-unstyled">
        <li><ModuleButton text='Yes / No' questionType='yes_no'/></li>
        <li><ModuleButton text='Multiple choice'
          questionType='multiple_choice'/></li>
        <li><ModuleButton text='Essay' questionType='essay'/></li>
      </ul>
    );
  },

  shouldComponentUpdate: function () {
    return false;
  }
});
```

上述操作完全把这个组件从消耗时间的行为列表中移除了：

(index)	Owner > component	Wasted time (ms)	Instances
0	"ReactTransitionGroup > ReactCS…	53.026000037789345	57
1	"SurveyEditor > SurveyForm"	14.322000090032816	19
2	"SurveyEditor > ReactCSSTransit…	8.422000042628497	4
3	"SurveyEditor > Divider"	3.816000127699226	19
4	"SurveyForm > ReactDOMInput"	3.748999966774136	19
5	"SurveyForm > ReactDOMTextarea"	2.1199999027885497	19
6	"EditMultipleChoiceQuestion > R…	2.111000183504075	28

```
> Perf.printWasted()

Total time: 117.07 ms                    ReactDefaultPerf.js:99
                                         ReactDefaultPerf.js:106
```

键（key）

多数时候，你会看到在列表中使用 key 属性的情况。它的作用就是给 React 提供一种除组件类之外的识别一个组件的方法。举个例子，假设你有一个 div 组件，它的 key 属性为"foo"，后续又将它改为"bar"，那么 React 就会跳过 DOM diff，同时完全弃置 div 所有的子元素，并重新从头开始渲染。

在渲染大型子树以避免 diff 计算时，这样的设计很有用——因为我们知道这种计算就是在浪费时间。除了告诉 React 什么时候要抛弃一个节点之外，在很多情况下 key 还可以在元素顺序改变时使用。举个例子，考虑下面这个基于排序函数展示项目的 render 方法：

```
var items = sortBy(this.state.sortingAlgorithm, this.props.items);
return items.map(function (item) {
  return <img src={item.src} />;
});
```

如果顺序发生了改变，React 会对元素进行 diff 操作并确定出最高效的操作是改变其中几个 img 元素的 src 属性。这样的结论其实是非常低效的，同时可能会导致浏览器查询缓存，甚至导致新的网络请求。

要解决这个问题，我们可以给每个 img 元素简单地添加一些独一无二的字符串（或数字）。

```
return <img src={item.src} key={item.id} />;
```

这样 React 得出的结论就不是改变 src 属性，而使用 insertBefore 操作，而这个操作是移动 DOM 节点最高效的方法。

> **单一级别约束**
>
> 对于指定的父组件，每个子组件的 key 必须是独一无二的。这同时也意味着从一个父组件移动到另一个父组件的情况是不会被处理的。

除了改变顺序外，这个操作同样适用于插入操作（不包括向末尾元素的后面插入）。如果没有正确的 key 属性，在数组开头插入一个项目会导致所有后续的 <img> 标签的 src 属性发生改变。

值得注意的一点是，尽管 key 看似被作为一个属性传入了，但其实在组件的任何位置都无法实际获取到它。

总结

在本章中我们学习了如下内容：

1. 将 shouldComponentUpdate 返回值改为 true 或 false 以提升性能。
2. 使用 React.addons.Perf 来诊断缓慢或不必要的渲染。
3. 使用 key 来帮助 React 识别列表中所有子组件的最小变化。

目前为止，我们一直都在关注 React 在浏览器中的使用。接下来我们将学习在服务器端基于 React 的同构 JavaScript。

第 *12* 章

服务端渲染

想要让搜索引擎抓取到你的站点，服务端渲染这一步不可或缺。服务端渲染还可以提升站点的性能，因为在加载 JavaScript 脚本的同时，浏览器就可以进行页面渲染。

React 的虚拟 DOM 是其可被用于服务端渲染的关键。首先，每个 React Component 在虚拟 DOM 中完成渲染，然后 React 通过虚拟 DOM 来更新浏览器 DOM 中产生变化的那一部分。虚拟 DOM 作为内存中的 DOM 表现，为 React 在 Node.js 这类非浏览器环境下的运行提供了可能。React 可以从虚拟 DOM 中生成一个字符串，而不是更新真正的 DOM。这使得我们可以在客户端和服务端使用同一个 React Component。

React 提供了两个可用于服务端渲染组件的函数：`React.renderToString` 和 `React.render-ToStaticMarkup`。

在设计用于服务端渲染的 React Component 时需要有预见性，需要考虑以下方面。

- 选取最优的渲染函数。
- 如何支持组件的异步状态。
- 如何将应用的初始状态传递到客户端。
- 哪些生命周期函数可以用于服务端渲染。
- 如何为应用提供同构路由支持。
- 单例、实例以及上下文的用法。

渲染函数

在服务端渲染 React Component 时，无法使用标准的 React.render 方法，因为服务端不存在 DOM。React 提供了两个渲染函数，它们支持标准 React Component 生命周期方法的一个子集，因而能够实现服务端渲染。

React.renderToString

React.renderToString 是两个服务端渲染函数中的一个，也是开发中主要使用的一个函数。

和 React.render 不同，该函数去掉了用于表示渲染位置的参数。取而代之，该函数只返回一个字符串。这是一个快速的同步（阻塞式）函数，非常快。

```
var MyComponent = React.createClass({
  render: function () {
    return <div>Hello World!</div>;
  }
});
```

```
var world = React.renderToString(<MyComponent/>);
```

```
// 这个示例返回一个单行并且格式化的输出
<div data-reactid=".fgvrzhg2yo" data-react-checksum="-1663559667">
  Hello World!
</div>
```

你会注意到，React 为这个 <div> 元素添加了两个 data 前缀的属性。

在浏览器环境下，React 使用 data-reactid 来区分 DOM 节点。这也是每当组件的 state 及 props 发生变化时，React 都可以精准地更新指定 DOM 节点的原因。

data-react-checksum 仅仅存在于服务端。顾名思义，它是已创建 DOM 的校验和。这准许 React 在客户端复用与服务端结构上相同的 DOM 结构。该属性只会添加到根元素上。

React.renderToStaticMarkup

React.renderToStaticMarkup 是第二个服务端渲染函数。

除了不会包含 React 的 data 属性外，它和 React.renderToString 没有区别。

React：引领未来的用户界面开发框架

```
var MyComponent = React.createClass({
  render: function () {
    return <div>Hello World!</div>;
  }
});

var world = React.renderToStaticMarkup(<MyComponent/>);

// 单行输出
<div>Hello World!</div>
```

用 React.renderToString 还是
用 React.renderToStaticMarkup

每个渲染函数都有自己的用途，所以你必须明确自己的需求，再去决定使用哪个渲染函数。

当且仅当你不打算在客户端渲染这个 React Component 时，才应该选择使用 React.renderTo StaticMarkup 函数。

下面是一些示例：

- 生成 HTML 电子邮件。
- 通过 HTML 到 PDF 的转化来生成 PDF。
- 组件测试。

大多数情况下，我们都会选择使用 React.renderToString。这将准许 React 使用 data-react-checksum 在客户端更迅速地初始化同一个 React Component。因为 React 可以重用服务端提供的 DOM，所以它可以跳过生成 DOM 节点以及把它们挂载到文档中这两个昂贵的进程。对于复杂些的站点，这样做会显著地减少加载时间，用户可以更快地与站点进行交互。

确保 React Component 能够在服务端和客户端准确地渲染出一致的结构是很重要的。如果 data-react-checksum 不匹配，React 会舍弃服务端提供的 DOM，然后生成新的 DOM 节点，并且将它们更新到文档中。此时，React 也不再拥有服务端渲染带来的各种性能上的优势。

服务端组件生命周期

一旦渲染为字符串，组件就会只调用位于 render 之前的组件生命周期方法。需要指出，componentDidMount 和 componentWillUnmount 不会在服务端渲染过程中被调用，而 componentWillMount 在两种渲染方式下均有效。

当新建一个组件时，你需要考虑到它可能既在服务端又在客户端进行渲染。这一点在创建事件监听器时尤为重要，因为并不存在一个生命周期方法会通知我们该 React Component 是否已经走完了整个生命周期。

在 componentWillMount 内注册的所有事件监听器及定时器都可能潜在地导致服务端内存泄漏。

最佳做法是只在 componentDidMount 内部创建事件监听器及定时器，然后在 componentWillUnmount 内清除这两者。

设计组件

服务端渲染时，请务必慎重考虑如何将组件的 state 传递到客户端，以充分利用服务端渲染的优势。在设计服务端渲染组件时，要时刻记得这一点。

在设计 React Component 时，需要保证将同一个 props 传递到组件中时，总会输出相同的初始渲染结果。坚持这样做将会提升组件的可测试性，并且可以保证组件在服务端和客户端渲染结果的一致性。充分利用服务端渲染的性能优势十分重要。

我们假设现在需要一个组件，它可以打印出一个随机数。一个棘手问题是组件每次输出的结果总是不一致。如果组件是在服务端而不是客户端进行渲染，checksum 将失效。

```
var MyComponent = React.createClass({
  render: function () {
    return <div>{Math.random()}</div>;
  }
});


var result = React.renderToStaticMarkup(<MyComponent/>);
var result2 = React.renderToStaticMarkup(<MyComponent/>);


//result
<div>0.5820949131157249</div>
```

React：引领未来的用户界面开发框架

```
//result2
<div>0.420401572631672</div>
```

如果你打算重构它，组件会通过 props 来接收一个随机数。然后，将 props 传递到客户端用于渲染。

```
var MyComponent = React.createClass({
  render: function () {
    return <div>{this.props.number}</div>;
  }
});


var num = Math.random();


// 服务端
React.renderToString(<MyComponent number={num}/>);


// 将 num 传递到客户端
React.render(<MyComponent number={num}/>, document.body);
```

有多种方式可以将服务端的 props 值传递到客户端。

最简单的方式之一是通过 JavaScript 对象将初始的 props 值传递到客户端。

```
<!DOCTYPE html>
<html>
  <head>
    <title>Example</title>
    <!-- bundle 包括 MyComponent、React 等 -->
    <script type="text/javascript" src="bundle.js"></script>
  </head>
<body>
<!-- 服务端渲染 MyComponent 的结果 -->
<div data-reactid=".fgvrzhg2yo" data-react-checksum="-1663559667">
  0.5820949131157249
</div>


<!-- 注入初始 props，供服务端使用 -->
```

```
<script type="text/javascript">
  var initialProps = {"num": 0.5820949131157249};
</script>

<!-- 使用服务端的初始 props -->
<script type="text/javascript">
  var num = initialProps.num;
  React.render(<MyComponent number={num}/>, document.body);
</script>
</body>
</html>
```

异步状态

很多应用需要从数据库或者网络服务这类远程数据源中读取数据。在客户端，这不是问题。在等待异步数据返回时，React Component 可以展示一个加载图标。在服务端，React 无法直接复制该方案，因为 render 函数是同步的。为了使用异步数据，首先需要抓取数据，然后在渲染时将数据传递到组件中。

示例

你可能需要从异步的 store 中抓取用户记录，然后在组件中使用。

此外

抓取到用户记录后，考虑到 SEO 以及性能等因素，需要在服务端渲染组件的状态。

此外

你需要让组件监听客户端的变化，然后重新渲染。

问题：因为 React.renderToString 是同步的，所以没办法使用组件的任何一个生命周期方法来抓取异步的数据。

解决方案：使用 statics 函数来抓取异步数据，然后把数据传递到组件中用于渲染。将 initialState 作为 props 值传递到客户端。使用组件生命周期方法来监听变化，然后使用同一个 statics 函数更新状态。

```
var Username = React.createClass({
  statics: {
```

```
    getAsyncState: function (props, setState) {
      User.findById(props.userId)
        .then(function (user) {
          setState({user:user});
        })
        .catch(function (error) {
          setState({error: error});
        });
    }
  },
  // 客户端和服务端
  componentWillMount: function () {
    if (this.props.initialState) {
      this.setState(this.props.initialState);
    }
  },
  // 仅客户端
  componentDidMount: function () {
    // 如果 props 中没有，则获取异步 state
    if (!this.props.initialState) {
      this.updateAsyncState();
    }
    // 监听 change 事件
    User.on('change', this.updateAsyncState);
  },
  // 仅客户端
  componentWillUnmount: function () {
    // 停止监听 change 事件
    User.off('change', this.updateAsyncState);
  },
  updateAsyncState: function () {
    // 访问示例中的静态函数
    this.constructor.getAsyncState(this.props, this.setState);
  },
  render: function () {
```

```
    if (this.state.error) {
      return <div>{this.state.error.message}</div>;
    }
    if (!this.state.user) {
      return <div>Loading...</div>;
    }
    return <div>{this.state.user.username}</div>;
  }
});

// 在服务端渲染

var props = {
  userId: 123 // 也可以通过路由传递
};

Username.getAsyncState(props, function(initialState){
  props[initialState] = initialState;
  var result = React.renderToString(Username(props));

  // 使用 initialState 将结果传递到客户端
});
```

上述解决方案中，预先抓取到异步的数据这一步仅在服务端是必需的。在客户端，只有初次渲染时需要查找服务端所传递的 initialState。后续客户端上的路由变化（比如 HTML5、pushState 或者 fragment change）都会忽略掉服务端所有的 initialState。同时，在抓取数据时最好加载文案信息。

同构路由

对于任意一个完整的应用来说，路由都至关重要。为了在服务端渲染出拥有路由的 React 应用，你必须确保路由系统支持无 DOM 渲染。

抓取异步数据是路由系统及其控制器的职责。我们假设一个深度嵌套的组件需要一些异步的数据。如果 SEO 需要这些数据，那么抓取数据的职责应该被提升至路由控制器，并且这些数据应该被传递到嵌套组件的最内层。如果不用考虑 SEO，那么在客户端的 componentDidMount 方法内抓取数据是没问题的。这与传统的 AJAX 加载数据的方式类似。

React：引领未来的用户界面开发框架

考虑一个 React 同构路由解决方案时，需确保它具备异步状态支持，或者可以轻易地更改以支持异步状态。理想情况下，你也会倾向于使用路由系统来控制，将 initialState 传递到客户端。

单例、实例及上下文

在浏览器端，你的应用如同包裹在独立的气泡中一样。每个实例之间的状态不会混在一起，因为每个实例通常存在于不同的计算机或者同一台计算机的不同沙箱之中。这使得我们可以在应用架构中轻松地使用单例模式。

当你开始迁移代码并在服务端运行时，你必须小心，因为可能存在同一应用的多个实例在相同作用域内同时运行的情况。有可能出现应用的两个实例都去更改单例状态的情况，这会导致异常的行为发生。

React 渲染是同步的，所以你可以重置之前使用过的所有单例，而后在服务端渲染你的应用。如果异步状态需要使用单例，则又会遇到问题。同样，在渲染过程中使用抓取到异步状态时，也需要考虑到这一点。

尽管可以在渲染前重置之前使用过的单例，但是在隔离的环境下运行你的应用总是有好处的。Contextify 之类的包准许你在服务端彼此隔离地运行代码。这与客户端使用 webworkers 类似。Contextify 通过将应用代码运行在一个隔离的 Node.js V8 实例中来工作。一旦加载完代码，你就可以调用环境中的所有函数。这种方法可以让你随意地使用单例模式，而不用考虑性能上的花销，因为每次请求都对应一个全新的 Node.js V8 实例。

React 核心开发小组不鼓励在组件树中传递上下文和实例。这种做法会降低组件的可移植性，并且应用内组件依赖的更改会对层级上的所有组件产生连动式影响。这转而增加了应用的复杂性，而且随着应用的增长，应用的可维护性也会降低。

当决定使用单例或者实例来控制你的上下文时，需要对两者权衡取舍。在选择一个方法之前，你需要估算出详细的需求，还需要考虑你所使用的第三方类库是如何架构的。

总结

服务端渲染是构建搜索引擎优化的 Web 站点和 Web 应用时的重要部分。React 支持在服务端和客户端浏览器中渲染相同的 React Component。要有效地做到这一点，你需要保证整个应用都使用这一架构方式以支持服务端渲染。

接下来，我们将学习 React 同系列工具中的其他类库。

第 *13* 章

周边类库

围绕着 React，Facebook 还开发了一系列的前端工具。在你的 React 项目中，这些工具不是非用不可的，不过它们确实可以和 React 一起完美地工作。

在本章中我们要学习下面这些工具：

- Jest
- Immutable.js
- Flux

Jest

Jest 是 Facebook 开发的一个测试运行工具。它基于 Jasmine 测试框架提供相近的方式，使用大家熟悉的类似于 expect(value).toBe(other) 的断言。它提供了默认的模拟行为，会自动模拟由 require() 返回的 CommonJS 模块，让现有的很多代码都变成可测试的。它使用模拟的 DOM API，同时通过小巧的 Node.js 命令行工具并行运行，缩短每次测试运行的时间。

我们假定你已经熟悉了 Jasmine 这个测试工具库，现在我们一起来讨论 Jest 的话题：

- 设置
- 自动模拟依赖
- 手动模拟依赖

设置

要在你的项目里使用 Jest，首先需要创建一个 __tests__ 文件夹（这个名字可以设置），然后在 __tests__ 里创建一个测试文件：

```
// __tests__/sum-test.js
jest.dontMock('../sum');
describe('sum', function() {
  it('adds 1 + 2 to equal 3', function() {
    var sum = require('../sum');
    expect(sum(1, 2)).toBe(3);
  });
});
```

使用 npm install jest-cli --save-dev 命令安装 Jest，然后在命令行运行 jest，你应该能看到测试结果：

```
[PASS] __tests__/sum-test.js (0.015s)
```

自动模拟依赖

Jest 默认会自动模拟源码文件里所有的依赖。它通过覆盖 Node 的 require 函数来实现。

> 我们有一个贯穿全书的示例项目，一个问卷制作工具，你可以在 https://github.com/backstopmedia/bleeding-edge-sample-app 阅读全部源码。

考虑 TakeSurveyItem 组件：

```
var React = require('react');
var AnswerFactory = require(''./answers/answer_factory');

var TakeSurveyItem = React.createClass({
  render: function () {
    // ...
  },
  getSurveyItemClass: function () {
    return AnswerFactory.getAnswerClass(this.props.item.type);
  }
});
```

```
module.exports = TakeSurveyItem;
```

我们在 getSurveyItemClass 函数当中使用了 AnswerFactory 这个依赖。这个依赖的模块在自己的测试文件中被充分测试了，我们无须再重复地测试这个模块。我们只想确保 AnswerFactory 上的方法被正确地调用了。

Jest 自动模拟了所有的依赖。我们需要模拟 AnswerFactory，这样才能测试 getAnswerClass 是否被调用了；但不需要模拟 TakeSurveyItem，因为我们要测试的就是它和 React。

针对 TakeSurveyItem#getSurveyItemClass 的测试如下：

```
jest.dontMock('react');
jest.dontMock('app/components/take_survey_item');

var TakeSurveyItem = require('app/components/take_survey_item');
var AnswerFactory = require('app/components/answers/ answer_factory');
var React = require('react/addons');
var TestUtils = React.addons.TestUtils;

describe('app/components/take_survey_item', function () {
  var subject;

  beforeEach(function () {
    subject = TestUtils.renderIntoDocument(
      TakeSurveyItem()
    );
  });

  describe('#getSurveyItemClass', function () {
    it('calls AnswerFactory.getAnswerClass', function () {
      subject.getSurveyItemClass();
      expect( AnswerFactory.getAnswerClass ).toBeCalled();
    });
  });
});
```

注意我们在告诉 Jest 不要模拟 TakeSurveyItem 组件和 React，我们希望这两个模块按照自己真实的实现运行。

然后我们开始引入测试所需要的所有模块，包括 AnswerFactory。我们没有告诉 Jest 不要模拟 AnswerFactory，因此当我们引用它（以及当 TakeSurveyItem 使用它）时，将会得到一个模拟的组件。

在测试中，当调用 TakeSurveyItem 的 getSurveyItemClass 时，可以查看 getAnswerClass 方法是否被调用了。注意我们使用的是 toBeCalled，不要和 Jasmine Spies 的 toHaveBeenCalled 搞混。Jest 不会入侵 Spies，你可以根据自己的需要使用 Jest 或 Spies。

手动模拟依赖

有时候 Jest 的自动模拟依赖无法满足需求，在这些场景下，Jest 允许你针对特定的类库创建自己的模拟对象。

让我们为上一节中的 AnswerFactory 模块手动创建模拟对象：

```
jest.dontMock('react');
jest.dontMock('app/components/take_survey_item');

// 手动模拟依赖必须发生在 require TakeSurveyItem 之前，
// 否则 TakeSurveyItem 得到的将是另一个 AnswerFactory 模拟对象
jest.setMock('app/components/answers/answer_factory', {
  getAnswerClass: jest.genMockFn().mockReturnValue(TestU-tils.mockComponent)
});

var TakeSurveyItem = require('app/components/take_survey_item');
var AnswerFactory = require('app/components/answers/answer_factory');
var React = require('react/addons');
var TestUtils = React.addons.TestUtils;

describe('app/components/take_survey_item', function () {
  var subject;

  beforeEach(function () {
    // ...
  });

  describe('#getSurveyItemClass', function () {
    it('calls AnswerFactory.getAnswerClass', function () {
```

```
      // ...
    });
  });
});
```

如果某个常见的类库 Jest 自动模拟失败，你想自己手动模拟，又或者你想自己定义一个
AnswerFactory 的模拟，你需要在 answer_factory.js 所在目录下创建目录 __mocks__，放
一个模拟文件（名称还是 answer_factory.js）在里面，文件内容如下：

```
// app/components/answers/__mocks__/answer_factory.js
var React = require('react/addons');
var TestUtils = React.addons.TestUtils;

module.exports = {
  getAnswerClass: jest.genMockFn().mockReturnValue(TestUtils.mockComponent)
};
```

这可以避免在测试中调用 jest.setMock：

```
jest.dontMock('react');
jest.dontMock('app/components/take_survey_item');

var TakeSurveyItem = require('app/components/take_survey_item');
var AnswerFactory = require('app/components/answers/answer_factory');
var React = require('react/addons');
var TestUtils = React.addons.TestUtils;

describe('app/components/take_survey_item', function () {
  var subject;

  beforeEach(function () {
    // ...
  });

  describe('#getSurveyItemClass', function () {
    it('calls AnswerFactory.getAnswerClass', function () {
      // ...
    });
  });
});
```

更多 Jest 相关的内容可以在 *http://facebook.github.io/jest/* 找到，也可以阅读第 6 章了解更多与测试相关的内容。

Immutable.js

不可变数据结构（Immutable Data Structures）中的数据是不允许修改的。相反，如果数据需要修改，它们会返回原始数据的一个经过修改的拷贝。React 跟 Flux 可以很好地结合不可变数据结构，带来代码的简洁和性能的提升。

Immutable.js 提供了多个数据结构，可以由原生的 JavaScript 数据结构构造而成，在需要的时候，也可以转回成原生的 JavaScript 数据结构。

Immutable.Map

Immutable.Map 可作为常规 JavaScript 对象的替代者来使用：

```
var question = Immutable.Map({description: 'who is your favorite superhero?'});
// 使用 .get 从 Map 中取值
question.get('description');


// 通过 .set 更新值时返回一个新的对象
// 原始对象保持不变
question2 = question.set('description', 'Who is your favorite comicbook hero?');


// 使用 .merge 合并两个对象得到第三个对象
// 同样原来的对象没有任何变化
var title = { title: 'Question #1' };
var question3 = question.merge(question2, title);
question3.toObject(); // { title: 'Question #1', description:
 'who is your favorite comicbook hero' }
```

Immutable.Vector

可以使用 Immutable.Vector 替代数组：

```
var options = Immutable.Vector('Superman' , 'Batman');
var options2 = options.push('Spiderman');
options2.toArray(); // ['Superman', 'Batman', 'Spiderman']
```

你还可以对这些数据结构进行嵌套：

```
var options = Immutable.Vector('Superman' , 'Batman');
var question = Immutable.Map({
  description: 'who is your favorite superhero?',
  options: options
});
```

Immutable.js 还有更丰富的特性，你可以到 *https://github.com/facebook/immutable-js* 上获取更多相关信息。

Flux

第 16 章将提到，Flux 是 Facebook 在发布 React 时一起发布的一种模式。它最显著的特征是严格的单向数据流。

Facebook 在 GitHub 发布了一份关于实现 Flux 的参考，可以通过 *https://github.com/facebook/flux* 访问到。

Flux 包含了三个重要的组件：

- Dispatcher
- Store
- View

下图清晰地展示了如何将这些部件组合到一起：

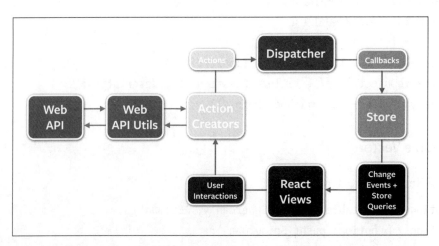

图片来源：Facebook（*https://github.com/facebook/flux/*）

React：引领未来的用户界面开发框架

Flux 没有强制的依赖，你可以任意选取自己需要模块。

关于 Flux 更详细的讨论见第 16 章。

总结

在这一章我们学习了以下内容。

1. 如何在单元测试中使用 Jest 来模拟依赖。

2. 怎样用 Immutable.js 替代普通的数据结构。

3. 对 Facebook 的 Flux 类库的初步了解。

接下来将会讲述一些推荐的工具和调试技巧。

第14章

开发工具

React 使用了若干的抽象层来帮助你更轻松地开发组件、推导程序的状态。然而，在调试、构建及分发应用时，这样的设计就会产生负面影响了。

幸运的是，我们拥有一些非常棒的开发工具能在开发及构建过程中为我们提供帮助。在本章中我们将探讨这些构建工具和调试工具，它们可以让开发 React 程序的过程更加高效。

构建工具

构建工具帮助你优化重复性的工作使运行代码更加轻松。在 React 程序开发中，最具重复性的工作之一就是对所有的 React 组件运行 JSX 解释器。另一复杂的任务是将所有模块打包成一个或多个文件以便分发到浏览器中使用。

让我们看看 React 是如何与两款流行的 JavaScript 构建工具——Browserify 和 Webpack ——一起工作的。

我们的示例程序问卷制作工具使用了 Browserify，因为它更善于打包 JavaScript 文件。同时，由于无须额外的配置文件，单独使用 Browserify 成了一件很简单的事。

> 我们有一个贯穿全书的示例项目，一个问卷制作工具，你可以在 *https: //github.com/backstopmedia/bleeding-edge-sample-app* 阅读全部源码。

Browserify

Browserify 是一个 JavaScript 打包工具，支持在浏览器中使用 Node.js 风格的 require() 方法。不需要了解太多的细节也不必不知所措，Browserify 会自动将所有的依赖打包到一个文件中，以支持模块在浏览器环境中使用。任何包含 require 语句的 JavaScript 文件运行 Browserify 都会自动打包所有的依赖项。

尽管十分强大，Browserify 仅支持 JavaScript 文件，不像 Bower、Webpack 或其他打包工具支持多种文件格式。

建立一个 Browserify 项目

想要让 Broswerify 良好地运行起来，你必须初始化一个 node 项目。假设已经安装了 node 和 npm，你可以通过在终端运行下面的命令来初始化一个新项目。这个命令会创建一个含有必要资源的 package.json 文件。

```
npm init
# ... answer questions as necessary to complete init
npm install --save-dev browserify reactify react uglify-js
```

在 package.json 文件的末尾增加如下构建脚本：

```
    ...
    "devDependencies": {
      "browserify": "^5.11.2",
      "reactify": "^0.14.0",
      "react": "^0.11.1",
      "uglify-js": "^2.4.15"
    },
    "scripts": {
      "build": "browserify --debug index.js > bundle.js",
      "build-dist": "NODE_ENV=production browserify index.js | uglifyjs -m
        > bundle.min.js"
    },
    "browserify": {
      "transform": ["reactify"]
    }
}
```

通过运行 npm run build 来执行默认的任务，这个命令会创建一个打包好的 JavaScript 文件和对应的源代码映射文件（source map）。这样的配置能够让你像引用多个独立文件那样查看错误信息和添加断点，而实际上你只引用了一个文件。同时，你也会看到原来的 JSX 代码而不是被编译成原生 JavaScript 的版本。

对于构建生产环境的代码，我们需要指明当前是生产环境。React 使用了一个叫作 envify 的转换工具，当它和代码压缩工具如 uglify 一起使用时，可以移除所有的调试代码和详细的错误信息，以此来提升效率并缩减文件体积。

如果你想要使用一些 ES6 的特性，如箭头函数或类，你可以把 transform 那一行改成这样：

"transform": [["reactify", {"harmony": true}]]

现在你就可以写点 React 组件并将其打包了。

对代码做出修改

让我们创建一个名为 index.js 的 React + JSX 文件。

```
var React = require('react');
React.render(<h1>Hello World</h1>, document.body);
```

再增加一个简单的 index.html 文件：

```
<html>
  <head>
    <title>React + Browserify Demo</title>
  </head>
  <body>
    This text should not appear in the browser
    <script src="bundle.js"></script>
  </body>
</html>
```

现在你的项目结构看起来大致是这样的：

- index.html
- index.js
- node_modules/
- package.json

如果现在尝试打开 index.html 你会发现页面没有加载任何的 JavaScript, 因为我们还没有打包出最终的文件。运行 npm run build 命令然后再刷新该页面, 这个示例程序就能成功加载了。

Watchify

你可以选择增加一个监控 (watch) 任务, 它对开发工作大有帮助。Watchify 是对 Browserify 的一个封装, 当你改动了文件的时候它会自动帮你重新打包。同时 Watchify 还使用了缓存来加快重新打包的速度。

npm install --save-dev watchify

把下面这行添加到 package.json 中的 scripts 对象中。

"watch": "watchify --debug index.js -o bundle.js"

这样你就不再需要运行 npm run build, 运行 npm run watch 即可, 它能给你带来更流畅的开发体验。

构建

现在, 你只需要简单运行一下构建命令就能将 React + JSX 代码打包到一个文件中供浏览器使用了。

npm run-script build

你会看到多了一个新的 bundle.js 文件。打开 bundle.js 你会发现在文件头部有一些被压缩过的 JavaScript 代码, 后续跟着的是经过 JSX 转换的组件代码。这个文件包含了你在 index.js 中需要的所有依赖, 它可以在浏览器中运行。再打开 index.html 你会发现一切都正常工作了。

Webpack

Webpack 和 Browserify 很像, 它也会把你的 JavaScript 代码打包到一个文件中。老实说, 把 Webpack 和 Browserify 放在一起进行对比是不公平的, 因为 Webpack 有更多的特色功能。而这些功能在 Browserify 中是不怎么使用的。

Webpack 还能:

- 将 CSS、图片以及其他资源打包到同一个包中。
- 在打包之前对文件进行预处理 (less、coffee、jsx 等)。

- 根据入口文件的不同把你的包拆分成多个包。
- 支持开发环境的特性标志位。
- 支持模块代码"热"替换。
- 支持异步加载。

因此，Webpack 能够实现 Browserify 混合其他构建工具如 gulp、grunt 的功能。

Webpack 是一个模块系统，通过增加或替换插件来实现功能。默认情况下，它启用了一个 CommonJS 解释器插件。

在这里我们不会详细介绍 Webpack 的每一种特性，不过我们会介绍基本的功能以及让它与 React 一起工作需要做的配置。

Webpack 与 React

React 帮助你开发应用程序组件。Webpack 不仅帮助你打包所有的 JavaScript 文件，还拥有其他所有应用需要的资源。这样的设计让你能创建一个自动包含所有类型依赖的组件。由于可以自动包含所有依赖，组件也变得更加方便移植。更妙的是，随着应用不断地开发并修改，当你移除某个组件的时候，它的所有依赖也会自动被移除。这意味着不会再有未被使用的 CSS 或图片遗留在代码目录中。

让我们看一下 React 组件是怎样加载资源依赖的。

```
//logo.js
require('./logo.css');

var React = require('react');

var Logo = React.createClass({
    render: function () {
      return <img className="Logo" src={require('./logo.png')} />
    }
});

module.exports = Logo;
```

我们需要一个应用的入口文件来打包这个组件。

```
//app.js
```

```
var React = require('react');
var Logo = require('./logo.js');

React.render(<Logo/>, document.body);
```

现在我们需要创建一个 Webpack 配置文件，以通知 Webpack 对不同的文件类型应该使用哪
种加载器。同时，还要定义应用的入口文件以及打包后文件的存放位置。

```
//webpack.config.js
module.exports = {
  // 程序的入口文件
  entry: './app.js',
  output: {
    // 所有打包好的资源的存放位置
    path: './public/build',

    // 使用 url-loader 的资源的前缀
    publicPath: './build/',

    // 生成的打包文件名
    filename: 'bundle.js'
  },
  module: {
    loaders: [
      {
        // 用于匹配加载器支持的文件格式的正则表达式
        test: /\.(js)$/,

        // 要使用的加载器类型
        // 加载器支持通过查询字符串的方式接收参数
        loader: 'jsx-loader?harmony'
      },
      {
        test: /\.(css)$/,

        // 多个加载器通过 “!” 连接
        loader: 'style-loader!css-loader'
```

```
    },
    {
      test: /\.(png|jpg)$/,

      // url-loader 支持 base64 编码的行内资源
      loader: 'url-loader?size=8192'
    }
  ]
  }
};
```

现在，你需要安装 Webpack 及一系列加载器。你可以选择在控制台使用 npm 或修改 package.json 来完成安装。

确保你把这些加载器安装到了本地，而不是全局（使用 -g 参数）。

```
npm install webpack react
npm install url-loader jsx-loader style-loader css-loader
```

当所有的准备工作完成后，运行 Webpack：

```
// 在开发环境构建一次
webpack

// 构建并生成源代码映射文件
webpack -d

// 在生成环境构建，压缩、混淆代码，并移除无用代码
webpack -p

// 快速增量构建，可以和其他选项一起使用
webpack --watch
```

调试工具

无论你多么小心，总是会犯这样那样的错误。我们不会讨论如何调试 JavaScript，但会提到一些让调试 React 应用更加简单的工具。

基础工具

对于本章的内容，打开 Chrome 并安装 React Developer Tool 扩展。另外，还需要设置 window.React。

```
window.React = require('react');
```

在元素处右击，并选择审查元素。你会看到在 Elements 面板显示着熟悉的 DOM 结构。

不过你不是来看 DOM 结构的。你想要看到的是组件，还有它们的 props 及 state。如果完成了上面的配置工作，你应该可以在面板列表的最右边看到名为 React 的面板。

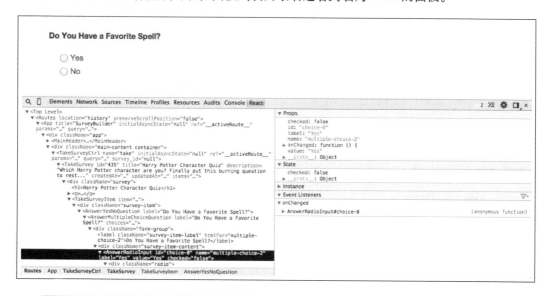

---

displayName

JSX 转换器会尝试猜测组件的 displayName 并插入到组件中。如果你没有使用 JSX，那么你应该手动给组件添加一个 displayName。

```
React.createClass({displayName: "MyComponent", ...});
```

组件的层级结构显示在左边，而选中组件的信息在右边。

只看这些信息就能告诉你很多关于 React 组件的 state、props 以及事件处理器的信息。你会看到 onDragStart 事件的处理器是 ModuleButton::handleDragStart，还有按钮拥有的 class 以及其他你感兴趣的内容。React 开发者工具的能力不止于此。

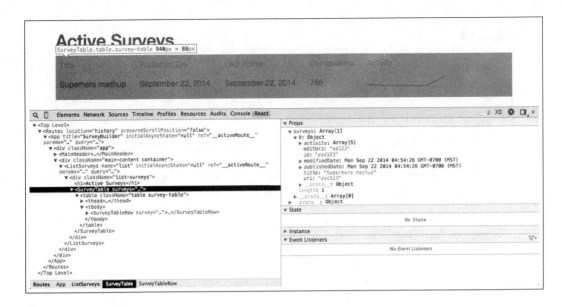

你能看到一组包含了时间戳的问卷（survey）数据被传入了 SurveyTab 组件。它们以更友好的方式展现在屏幕上。双击某个时间戳并输入一个新的值，组件会自动更新并重新渲染。

开发者工具能帮你缩小问题范围，帮助团队中的新成员找到完成任务需要修改的组件。

> **JSBin 与 JSFiddle**
>
> 在调试或只是在头脑风暴时，在线调试站点如 JSFiddle 及 JSBin 是很好的资源。在求助或与他人分享原型时，可以用它们来创建测试用例。

总结

现在，你已经见识到了在开发 React 程序时提供给你的调试及构建工具的好处。下一章，我们会详细谈谈如何在 React 中使用自动测试。

第 **15** 章

测试

现在你已经学会了使用 React 构建 Web 应用的各方面知识，在继续学习架构模式之前我们先后退一步——当开始开发一个新项目时，高效产出并不难，因为只需快速地编写出更多代码就行。但是随着项目体积变大，一不小心代码就会越来越乱，难于修改。这时候你的工具箱里必须有一个强大的工具——自动化测试。自动化测试，通常借助测试驱动开发（TDD）方法，让代码更加简单，更加模块化，增加代码的健壮性，增强你在修改代码时的信心。

> **我从来不做 JavaScript 代码测试怎么办?**
>
> 没关系！如果你从来没有做过，那自动化测试这个概念确实有点遥不可及。本章不会对 JavaScript 测试进行全面介绍，因为这应该出现在专门介绍 JavaScript 测试的书中。不过我们尝试介绍足够多的应用场景，你可以根据自己的需要学习并研究特定的主题。

上手

你可能会问："我已经有一个非常棒的 QA 团队专注于测试，为什么我还要关心测试，我是否可以跳过这一章？"这是一个很好的问题，自动化测试的主要好处不是杜绝 bug 也不是回归测试，尽管这些确实是测试的好处。自动化测试真正的目的是帮助你写出更好的代码。通常，烂代码很难测试。因此，如果你边写代码边写测试的话，就可以避免写出烂代码。你自然而然地被要求遵守单一职责的原则[1]，遵守迪米特法则[2]，并保持代码的模块化。

---

[1] *http://blog.8thlight.com/uncle-bob/2014/05/08/SingleReponsibilityPrinciple.html*
[2] *http://www.ccs.neu.edu/research/demeter/demeter-method/LawOfDemeter/paper-boy/demeter.pdf*

当我们说到测试驱动开发，也叫 TDD，指的是一种测试风格，这种风格的测试使用类似"红，绿，重构"这样的流程。首先编写一个无法通过的测试（测试结果是红色的），再编写应用代码让测试通过（测试结果为绿色），然后再重构应用代码，在保证代码清晰的同时让测试结果是绿色的。这种流程可以让你分批完成工作，每次迭代中测试变为绿色时获得成就感。

测试的类型

现在你已经知道了测试的重要性，我们再来看一下本章要介绍的两种测试：单元测试和功能测试。自动化测试还有很多不同的测试类型（集成测试、性能测试、安全测试以及视觉测试[3]），但是这些不在本书的介绍之列。

- 单元测试：每次只测试应用中最小的一块功能。通常就是直接调用一个函数，给定输入，对输出或者其他方面的影响进行验证。
- 功能测试：从端用户的角度来验证应用功能是否正确的测试。对于 Web 应用来说就是像真实用户一样，在浏览器中四处点击、填写表单。

概念很多是不是？但是当你开始行动时会发现其实并不难，而且在通过第一个测试时你会很有成就感。

工具

幸好，JavaScript 社区在测试工具方面有一个非常好的生态系统。我们可以借此让测试快速落地。这里有一些工具，你将会在本书中用到，每个工具后面还列了一些流行的可作为其备选的工具。

- 单元测试（客户端）：Jasmine 和 Karma

  - 同类型：Mocha、Chai、Sinon、Vows.js 以及 Qunit

- 单元测试（服务端）：Mocha 和 Supertest

  - 同类型：与客户端的一致，再加上 jasmine-node

- 功能测试：Casper.js

  - 同类型：Nightwatch.js、Zombie.js、基于 Selenium 的（Capybara、Waitr 等等）

所以开始写代码吧！

---

[3] *https://www.youtube.com/watch?v=1wHr-O6gEfc*

第一个测试用例：render 测试

当编写 React 组件时，最基本的要求就是定义一个 render 函数。我们的测试工作正好可以从这里开始。想象我们要写一个 <HelloWorld/> 组件，输出一个 <h1/> 标签，上面写着 "Hello World!"。因为打算使用测试驱动（TDD）来完成这段代码，先跳过创建 <HelloWorld/> 组件，到我们需要时再写。我们首先创建一个包含测试用例（即测试代码）的文件，开始写测试：

test/client/fundamentals/render_into_document_spec.js

```
/** @jsx React.DOM */

var React = require("react/addons");
var TestUtils = React.addons.TestUtils;

describe("HelloWorld", function() {

});
```

每一个 React Jasmine 单元测试都会包含这段模板代码。所以让我们来仔细读一遍，确保理解每一行代码：

```
/** @jsx React.DOM */
```

测试文件需要 JSX "文档块" 来告诉 JSX 解析器测试用例也使用 JSX 语法。

```
var React = require("react/addons");
var TestUtils = React.addons.TestUtils;
```

与常规应用代码中的 require("react") 不同，这段代码中 require 了 "react/addons" 包，因为这个包在普通的 React 中添加了一些测试的工具方法。React.addons.TestUtils 模块很有用，我们将分别在本章和第 13 章中介绍它。

```
describe("HelloWorld", function() {
});
```

上面就是 jasmine 的 describe 块，表示这是针对 HelloWorld 模块的测试用例。我们的测试就写在这个 describe 块中。

现在用例的模板已经写好，接下来添加一个渲染 HelloWorld 组件的测试。乍一看，你有可能觉得这个用例应该挺简单：只需调用 React.renderComponent(<HelloWorld>, someDomElement)，做一些简单的断言就行了。不过事实证明这种想法是不对的，因为 React 的渲染逻辑里面存在着一些高级的特性。

测试中的 React.renderComponent

如果在测试中使用 React.renderComponent，先运行的测试很可能会污染接下来的测试。测试污染会导致古怪的测试结果——很多测试无法通过，不应该通过的反而通过了。

测试污染的起因来自于这样一个事实：如果在元素中已经渲染了"同样的"组件，React 就不会重新装载这个组件。这样做虽然在生产环境的应用中有益于性能的提升，但在测试中却会产生问题。

在渲染测试用例中的组件时，我们应当使用一个名为 React.addons.TestUtils.renderIntoDocument 的函数，这个函数以模块对象作为参数。你可能注意到了它与 React.renderComponent 的不同，后者还接受第二个参数，指定组件插入的元素。这意味着 renderIntoDocument 会把你的组件插入到一个独立的仅存在于内存的 DOM 节点中。

我们的测试从一个非常简单的目标开始：对组件的渲染进行测试。

```
...
describe("HelloWorld", function() {
  describe("renderIntoDocument", function() {
    it("should render the component", function() {
      TestUtils.renderIntoDocument(<helloworld></helloworld>);
    });
  });
});
```

现在我们已经写好了 jasmine 用例，接着需要使用某种方式来运行它。有各种各样的开源项目可用，但是在本项目中我们选择使用 Karma，它是一个由 Google 开发的 JavaScript 测试 runner。Karma，即大家熟知的 Testacular，可以把测试放在多个不同的浏览器中运行，并把结果收集好反馈给你。使用下面的命令运行 Karma 测试：

```
npm run-script test-client
```

运行这个命令，你可以看到正常的调试输出信息。在输出的最后，会发现像下面这样的信息：

```
Chrome 36.0.1985 (Mac OS X 10.8.2) HelloWorld renderIntoDocument should render
 the component FAILED ReferenceError: HelloWorld is not defined
```

意思是我们的测试未通过，因为 HelloWorld 这个组件还没有定义。这就对了，因为我们还没写过该组件。所以让我们编写一个非常基础的 React 组件，用到测试用例中。

```
/** @jsx React.DOM */
```

```
var React = require("react");
var HelloWorld = React.createClass({
  render: function() {
    return (
      <div></div>
    );
  }
});

module.exports = HelloWorld;

var React = require("react/addons");
var TestUtils = React.addons.TestUtils;

var HelloWorld = require('../../../client/testing_examples/hello_world');

describe("HelloWorld", function() {
  describe("renderIntoDocument", function() {
```
...

Karma：一次运行

修改代码之后，切换到终端，如果你仔细看的话，会发现测试已经重新运行了，这是因为配置了 Karma。在 karma.conf.js 文件中，已经设置成当项目文件改变时就重新运行测试。

现在 HelloWorld 组件已经有了定义，也用在测试用例中了，这下测试应该可以通过了：

Chrome 36.0.1985 (Mac OS X 10.8.2): Executed 1 of 1 SUCCESS (0.905 secs / 0.801 secs)

继续添加两个用例，搞清楚 renderIntoDocument 的行为：

1. 确认 HTML 被渲染且包含 "Hello World!"。
2. 确认我们可以怎样验证渲染出来的组件。

...
```
it("should render the component and it's html into a dom node", function() {
  var myComponent = TestUtils.renderIntoDocument(<HelloWorld />);
```

```
  // 你可以基于渲染出来的 HTML 进行验证
  expect(myComponent.getDOMNode().textContent).toContain("Hello World!");
});

it("should render the component and return the component as the return value",
 function() {
  var myComponent = TestUtils.renderIntoDocument(<HelloWorld />);

  // 你可以断言被渲染组件上的属性

  expect(myComponent.props.name).toBe("Bleeding Edge React.js Book");
});
...
```

切换回终端，有两个测试未通过（这正是我们所期望的）：

Chrome 36.0.1985 (Mac OS X 10.8.2) HelloWorld renderIntoDocument should render
 the component and it's html into a dom node FAILED Expected '' to contain
 'Hello World!'. Error: Expected'' to contain 'Hello World!'.
...
Chrome 36.0.1985 (Mac OS X 10.8.2) HelloWorld renderIntoDocument should render
 the component and return the component as the return value FAILED Expected
 undefined to be 'Bleeding Edge React.js Book'. Error: Expected undefined to be
 'Bleeding Edge React.js Book'

为了通过测试，我们把 HelloWorld 组件改进为：

```
var HelloWorld = React.createClass({
  getDefaultProps: function() {
    return {
      name: "Bleeding Edge React.js Book"
    };
  },
  render: function() {
    return (
      <div>
        <h1>Hello World!</h1>
        <h2>{this.props.name}</h2>
```

React：引领未来的用户界面开发框架

```
      </div>
    );
  }
});
```

```
it("can have finder methods run against it", function() {
  var myComponent =
    TestUtils.renderIntoDocument('<HelloWorld />');
  // 然后我们可以在测试的组件内部查找其他组件
  var mySubheading =
    TestUtils.findRenderedDOMComponentWithClass(myComponent, "subheading");
  // 而且我们可以验证这些组件
  expect(mySubheading.getDOMNode().innerHTML).toBe("Bleeding Edge React.js Book");
});
```

你应该看到这个测试失败了，因为不存在带有 "subheading" 样式的 DOM 元素，你可以进行下面的改动让测试通过：

```
...
  render: function() {
    return (
      <div>
        <h1>Hello World!</h1>
        <h2 className="subheading">{this.props.name}</h2>
      </div>
    );
  }
...
```

React 与 HTML 验证

在学习了这些测试之后，你可能会想为什么我们不直接像下面这样编写测试：

```
var myComponent = TestUtils.renderIntoDocument(<HelloWorld />);

// 千万别这么做，这样不行
expect(myComponent.getDOMNode().innerHTML).toContain("<h2
  class='subheading'>Bleeding Edge React.js Book</h2>");
```

第 15 章　测试　　　　　　　　　　　　　　　　　　　　　　　　　131

```
});
```

在测试 jQuery 或者 Backbone.js 应用时，你可以这么做，这应该行得通（但是我还是不推荐这么做）。但在 React 中这样做是有问题的。因为在 render 函数中指定的 "HTML" 与真正渲染到 DOM 中的 HTML 不是同一份。渲染到页面中的 DOM 很可能是下面这样的：

```
<h1 data-reactid=".1k.0">Hello World!</h1>
<h2 class="subheading" data-reactid=".1k.1">Bleeding Edge React.js Book</h2>
```

React 使用那些 data 属性用来实现极高性能地重新渲染组件。框架 Ember.js 和 Angular.js 也会由于类似的原因使用框架所特有的 data 属性。

模拟组件

React 有一个非常强大的特性，你之前应该学到了，就是组件之间的复合。组件可以渲染另一个组件非常有益于代码的模块化和对代码的重用。但这对于测试来说需要特别对待。假设有两个组件：UserBadge 和 UserImage，用户名和 UserImage 组件渲染在 UserBadge 中。当为 UserBadge 编写测试时，有一点很重要，就是要保证只测试 UserBadge 的功能，而没有暗中测试到 UserImage 的功能。可能周围会有同事提出："两个一起测试更好，因为这与真实的情况更接近"。果真这样做的话，你将会很快发现测试将越来越难写，越来越难维护，因为这种做法使你无法专注于正在测试的"单元"。

聆听你的测试！

> 如果担心（确实应该）测试变得太复杂或者太散乱，你可以留心某些征兆。需要警惕的一种"烂代码的味道"就是，一个测试需要复杂的或者重复的启动过程。启动一个测试越艰难，烂代码的味道就越强烈，可能在你的架构存在着某些次优的东西。往往测试是想给你一些建议。

下面是我们测试 UserBadge 的计划。在渲染 UserBadge 组件之前，先做一些修改，使用一个没有真实功能行为的模拟组件来替代 UserImage 组件。这与应用选择的工具和架构强相关。在 Survey Applicaiton 中，我们选择了 Browerify，所以先看看我们的方案。从 UserBadge 最简单的测试模板开始，调用一下 render 方法：

```
/** @jsx React.DOM */
var React = require("react/addons");
var TestUtils = React.addons.TestUtils;
```

```
var UserBadge = require('../../../client/testing_examples/user_badge');

describe("UserBadge", function() {
  // 注意：这会渲染真实的 UserImage 组件，这不是我们所想要的效果
  it("should use the mock component and not the real compo- nent", function() {
    var userBadge = TestUtils.renderIntoDocument(<UserBadge />);
  });
});
```

> 我们有一个贯穿全书的示例项目，一个问卷制作工具，你可以在 *https: //github.com/backstopmedia/bleeding-edge-sample-app* 阅读全部源码。

在测试中，我们将使用一个名为 rewireify 的开源模块替换 UserImage 组件。这个模块很神奇，可以替换模块中的局部变量和函数。打开 UserBadge 模块的源码，可以看到像下面这样的几行代码：

```
var UserImage = require("./user_image");
...
  render: function() {
    return (
      <div>
        <h1>{this.props.friendlyName}</h1>
        <UserImage slug={this.props.userSlug} />
      </div>
    );
  }
...
```

即 UserBadge 模块中有一个局部变量 UserImage，引用了一个 React 组件。在 UserBadge 的测试用例中，将告知 rewireify 使用一个模拟的组件覆盖掉 UserImage 这个局部变量。简单实现如下：

```
var mockUserImageComponent = React.createClass({
  render: function() {
    return (<div className="fake">Fake User Image!!</div>);
  }
});
```

```
UserBadge.__set__("UserImage", mockUserImageComponent);
```

现在，当 UserBadge 进行渲染时，它渲染的是 mockUserImageComponent，而不是真实的 UserImage 组件。上例表面上看起来没什么问题，但是忽略了一个非常严重的负面效应——测试污染。如果在某个测试中"__set__"了某个变量，需要确保在下一个测试开始之前复原这个变量。为了保证测试之间互不污染，我们应该这样编写测试：

```
describe("UserBadge", function() {
  describe("rewireify", function() {
    var mockUserImageComponent;

    beforeEach(function() {
      mockUserImageComponent = React.createClass({
        render: function() {
          return (<div className="fake">Fake User Image!!</div>);
        }
      });
    });

    describe("using just rewireify", function() {
      var realUserImageComponent;

      beforeEach(function() {
        // 将真实的定义保存起来，这样的话我们可以在测试完成后把它赋值回去
        realUserImageComponent = UserBadge.__get__("UserImage");
        UserBadge.__set__("UserImage", mockUserImageComponent);
      });

      afterEach(function() {
        UserBadge.__set__("UserImage", realUserImageComponent);
      });

      it("should use the mock component and not the real component",
        function() {
          var userBadge = TestUtils.renderIntoDocument(<UserBadge />);

          expect(TestUtils.findRenderedDOMComponentWithClass(userBadge,
```

```
        "fake").getDOMNode().innerHTML).toBe("Fake User Image!!");
      });
    });


  });
});
```

TestUtils.findRenderedDOMComponentWithClass

在测试中使用了一个名为 TestUtils.findRenderedDOMComponentWithClass 的工具方法。我们将在本章的后半部分介绍这个方法的行为，现在你只需知道它将通过样式类 fake 来查找组件。

上面这段测试代码的大概逻辑如下：

1. 定义 React 组件 mockUserImageComponent。

2. 获取 UserBadge 模块中 UserImage 变量的值保存到局部变量 realUserImageComponent 中。

3. 设置 UserBadge 模块中变量 UserImage 的值为 mockUserImageComponent。

4. 执行测试。

5. 将 UserBadge 模块中的 UserImage 变量重新设为 realUserImageComponent。

好消息是这个方案可行，但坏消息是，我们很可能在每一个用例中用到很多一样的模板代码，因为每个用例都要渲染组件。因此，这也就是自定义 Jasmine helper 大有作为的地方。我们要做的就是编写一个模块，具备这样的功能：有一个可以通过在用例中调用来修改变量的函数，以及一个在用例运行结束时复原之前修改的 afterEach 钩子。为了复原修改，我们只需将所有做了 rewire 的地方保存到一个数组中，最后在还原阶段循环这个数组即可。下面就是 helper 模块的源码，你可以在一个名为 test/client/helpers/rewire-jasmine.js 的文件中找到：

```
var rewires = [];
var rewireJasmine = {
  rewire: function(mod, variableName, newVariableValue) {
    // 保存真实的值，后面可以恢复

    var originalVariableValue = mod.__get__(variableName);

    // 使用这个辅助模块保存被复写属性的全部信息
```

```
    rewires.push({
      mod: mod,
      variableName: variableName,
      originalVariableValue: originalVariableValue,
      newVariableValue: newVariableValue
    });

    // 将属性改写为新的值
    mod.__set__(variableName, newVariableValue);
  },

  unwireAll: function() {
    for (var i = 0; i < rewires.length; i++) {
      var mod = rewires[i].mod,
        variableName = rewires[i].variableName,
        originalVariableValue = rewires[i].originalVariableValue;

      // 将属性恢复为原来的值
      mod.__set__(variableName, originalVariableValue);
    }
  }
};

afterEach(function() {
  // 恢复所有被复写掉的模块
  rewireJasmine.unwireAll();

  // 将数组重置为空的状态，为下一个用例做准备
  rewires = [];
});

module.exports = rewireJasmine;
```

有了这个 helper 模块，我们可以把 UserBadge/UserImage 的例子简化成：

```
var rewireJasmine = require("../helpers/rewire-jasmine");
var UserBadge = require('../../../client/testing_examples/user_badge');
```

```
describe("UserBadge", function() {
  describe("with a custom rewireify helper", function() {
    beforeEach(function() {
      rewireJasmine.rewire(UserBadge, "UserImage", mockUserImageComponent);
    });

    it("should use the mock component and not the real component", function() {
      var userBadge = TestUtils.renderIntoDocument(<UserBadge />);
      expect(TestUtils.findRenderedDOMComponentWithClass(userBadge,
        "fake").getDOMNode().innerHTML).toBe("Fake User Image!!");
    });
  });
});
```

看到没，多么简单! rewireJasmine.rewire(UserBadge, "UserImage", mockUserImageCom-
ponent); 保存了原始的值，还注入了一个用于清场的 afterEach 钩子。

非 npm 实现

如果你使用的是 Webpack 而不是 Browserify 来处理客户端代码，你需要使用
rewire-webpack 来替换 rewireify。如果测试的是 Node.js 应用而不是客户端代
码，你就需要使用 rewire 原始项目（从这个项目衍生出了 rewireify 和 rewire-
webpack。接口稍微不一样，不过你可以到 *https://github.com/jhnns/rewire* 看到
更多关于它们的信息。)

但如果项目没有使用 npm/require 这样的优秀工具，而是使用 <script> 标记，把组件保存在
全局变量上该怎么办? 别担心，依然可行。模式还是完全一样的，只需对代码稍作修改:

```
describe("global variables", function() {
  var mockUserImageComponent, realUserImageComponent;

  beforeEach(function() {
    mockUserImageComponent = React.createClass({
      render: function() {
        return (<div className="fake">Fake Vanilla User Image!!</div>);
      }
    });
```

```
// 我们需要把真实的定义保存起来，这样就可以在测试结束后将其恢复
realUserImageComponent = window.vanillaScriptApp.UserImage;
window.vanillaScriptApp.UserImage = mockUserImageComponent;
});

afterEach(function() {
  window.vanillaScriptApp.UserImage = realUserImageComponent;
});

it("should use the mock component and not the real component", function() {
  var UserBadge = window.vanillaScriptApp.UserBadge;
  var userBadge = TestUtils.renderIntoDocument(<UserBadge />);

  expect(TestUtils.findRenderedDOMComponentWithClass(userBadge,
    "fake").getDOMNode().innerHTML).toBe("Fake Vanilla User Image!!");
});
});
```

回顾一下到目前为止我们学到了：

1. 如何把一个组件渲染到 document 中。
2. 如何使用一个模拟模块替换嵌套的模块。

函数监视

下一个要讲的主题就是在测试中如何监视模块中的函数。对模块内部的函数进行监视有很多目的：

1. 阻止方法真正实现的运行，便于独立地对功能进行测试。
2. 阻止方法真正实现的运行，因为它依赖于某个我们在测试中不愿调用的 API 或第三方的服务。
3. 验证原始函数是否被某个函数调用或者以特定的参数调用。

在 jasmine 中，想要 spyOn 下例中像 "foo" 这样的函数，你通常可以这样做：

```
var myModule = {
  foo: function() {
    return 'bar';
```

```
  }
};
```

```
spyOn(myModule, "foo").andReturn('fake foo');
```

对于 React 组件来说，我们第一个想到的测试方法可能是这样的：

```
var myComponent = React.createClass({
  foo: function() {
    return 'bar';
  },
  render: ...
});
```

```
spyOn(myComponent.prototype, "foo").andReturn('fake foo');
```

但这并不可行，原因如下：

1. React 并没有把你的函数保存在原型上（Backbone 是这样的）。

2. React 保存了不止一份的函数拷贝，因为要支持某些高级特性，比如自动绑定。

3. 上面这种方式只针对于 React 的特定版本，更换版本马上就会变得混乱不堪。

可以使用 jasmineReactHelpers 来解决这个问题。假设我们要测试的组件叫做 HelloRandom，它会随机输出本书一个作者的信息。要测试这个组件，我们就需要把随机因素从测试中剔除，这样测试才能以确定的方式运行。下面是 HelloRandom 组件的定义：

```
/** @jsx React.DOM */
var React = require("react");
var authors = [
  { name: "Frankie Bagnardi", githubUsername: "brigand" },
  { name: "Jonathan Beebe", githubUsername: "somethingkindawierd" },
  { name: "Richard Feldman", githubUsername: "rtfeldman" },
  { name: "Tom Hallett", githubUsername: "tommyh" },
  { name: "Simon Hojberg", githubUsername: "hojberg" },
  { name: "Karl Mikkelsen", githubUsername: "karlmikko" }
];

var HelloRandom = React.createClass({
  getRandomAuthor: function() {
```

```
      return authors[Math.floor(Math.random() * authors.length)];
    },
    render: function() {
      var randomAuthor = this.getRandomAuthor();

      return (
        <div>
          {randomAuthor.name} is an author and their github handle is
            {randomAuthor.githubUsername}.
        </div>
      );
    }
});
```

```
module.exports = HelloRandom;
```

接下来为 render 函数写一个测试，试着验证这个组件的 HTML text 的正确性。通常我们像下面这样编写用例：

```
/** @jsx React.DOM */
var React = require("react/addons");
var TestUtils = React.addons.TestUtils;

var HelloRandom = require('../../../client/testing_examples/hello_random');

describe("HelloRandom", function() {
  describe("render", function() {
    it("should output information about the author", function() {
      var myHelloRandom = TestUtils.renderIntoDocument('<HelloRandom />');

      expect(myHelloRandom().textContent).toBe("Frankie Bagnardi is an author
        and their github handle is brigand.");
    });
  });
});
```

问题是有时候这个测试无法通过，依赖于随机出来的作者是谁。

---

140   React：引领未来的用户界面开发框架

> **"随机"函数只是一个说明性的例子**
>
> 我们就使用 randomAuthor 来作为 spyOn 函数的示例。在真实的应用中,这个函数可能处理如下问题:
>
> 1. 从服务端获取数据。
>
> 2. 使用组件的状态,很难在测试中设置起来。
>
> 3. 有无法触及的副作用,很难去掉。
>
> 4. 数据与目前的时间或者时区相关。

因此我们可以 spyOn HelloRandom 的 getRandomAuthor 函数,让它返回一个伪造的作者,而不是一个真实的作者。

```
...
var jasmineReact = require("jasmine-react-helpers");
var HelloRandom = require('../../../client/testing_examples/hello_random');
...
it("should be able to spy on a function of a react class", function() {
  jasmineReact.spyOnClass(HelloRandom, "getRandomAuthor").andReturn({
    name: "Fake User",
    githubUsername: "fakeGithub"
  });

  var myHelloRandom = TestUtils.renderIntoDocument(<HelloRandom />);

  expect(myHelloRandom.getDOMNode().textContent).toBe("Fake User is an author
    and their github handle is fakeGithub.");
});
```

如果你熟悉 jasmine 的 spyOn,那么听到 jasmineReact.spyOnClass 与 jasmine spyOn 的返回值相同一定会很高兴,你可以使用同样的方式在返回值的结尾链式地进行 jasmine 调用。例如,我们不断地在调用 jasmineReact.spyOnClass 后调用 andReturn({name: "Fake User", githubUsername: {"fakeGithub"}})。

监视函数被调用

为了完成对 React 监视测试研究,让我们看一下如何确定监视的函数被调用了。如果你之前没有做过,可能搞不清楚为什么需要这样,以及/或者该如何侦测函数被调用了。

比如一个父组件渲染其子组件，给子组件传递一个父组件的回调函数 prop。当编写父组件的测试时，我们会模拟子组件，但还是希望可以验证两个组件接到一起是否可以正常工作。

为了更实在一些，我们将使用 UserImage 和 UserBadge 来做例子，这个例子在本章的前半部分也用到过。UserBadge 是父组件，UserImage 是子组件，imageClicked 是由 UserBadge 创建的定义在 props 上的一个回调函数：

```
...
var UserBadge = React.createClass({
  getDefaultProps: function() {
    return {
      friendlyName: "Billy McGee",
      userSlug: "billymcgee"
    };
  },
  render: function() {
    return (
      <div>
        <h1>{this.props.friendlyName}</h1>
        <UserImage slug={this.props.userSlug} />
      </div>
    );
  }
});
...
```

编写测试，模拟 UserImage 子组件，然后手动调用模拟组件上的 imageClicked 函数：

```
...
  describe("assert spy was called", function() {
    var mockUserImageComponent;

    beforeEach(function() {
      mockUserImageComponent = React.createClass({
        render: function() {
          return (<div className="fake">Fake User Image!!</div>);
        }
      });
```

```
    rewireJasmine.rewire(UserBadge, "UserImage", mockUserImageComponent);
  });

  it("should pass a callback to the imageClicked function to the UserImage
    component", function() {
    jasmineReact.spyOnClass(UserBadge, "imageClicked");

    var userBadge = TestUtils.renderIntoDocument(<UserBadge />);
    var imageComponent = userBadge.refs.image;
    imageComponent.props.imageClicked();

    expect(jasmineReact.classPrototype(UserBadge).imageClicked).toHaveBeenCalled();
  });

});
```
...

在运行这个测试之前，让我们看一下它做了什么：

1. 监视 imageClicked 函数，在它被调用时做断言。
2. 使用 mockUserImageComponent 模拟 UserImage 组件。
3. 渲染 UserImage 组件。
4. 通过 userBadge.refs.image 获取到 mockUserImageComponent。
5. 调用 imageComponent.props 上的 imageClicked 方法（imageClicked 的确在 props 上，因为我们通过 props 把回调传递给了 Image 组件）。
6. 验证是否正确地调用了 UserBadge 组件上某个函数。

运行测试没通过，错误信息如下：

...
```
PhantomJS 1.9.7 (Mac OS X) HelloRandom assert spy was called should pass a
 callback to the imageClicked function to the UserImage component FAILED
 imageClicked() method does not exist
```
...

这是因为 UserBadge 上根本就没有 imageClicked 方法，所以我们无法监视该函数。用如下方法进行添加：

```
...
var UserBadge = React.createClass({
  getDefaultProps: function() {
    return {
      friendlyName: "Billy McGee",
      userSlug: "billymcgee"
    };
  },
  imageClicked: function() {


  },
...
```

再次运行，测试还是没有通过，收到如下错误信息：

```
PhantomJS 1.9.7 (Mac OS X) HelloRandom assert spy was called should pass a
 callback to the imageClicked function to the UserImage component FAILED
 TypeError: 'undefined' is not an object(evaluating 'imageComponent.props')
```

没有通过是因为 imageComponent 是 undefined 的，因此我们无法调用其 props。现在 imageComponent 之所以是 undefined 的，是因为并没有在 UserBadge 组件上设置过 refs.image，我们设置一下试试：

```
...
var UserBadge = React.createClass({
  getDefaultProps: function() {
    return {
      friendlyName: "Billy McGee",
      userSlug: "billymcgee"
    };
  },
  render: function() {
    return (
      <div>
        <h1>{this.props.friendlyName}</h1>
        <UserImage slug={this.props.userSlug} ref="image"/>
      </div>
    );
```

React：引领未来的用户界面开发框架

```
  }
});
```

再次运行该测试，我们得到的还是一条错误信息：

```
PhantomJS 1.9.7 (Mac OS X) HelloRandom assert spy was called should pass a
 callback to the imageClicked function to the UserImage component FAILED
 TypeError: 'undefined' is not a function (evaluating 'imageComponent.props.
imageClicked()')
```

这条错误信息比较容易看懂，因为它说的是 UserBadge 组件没有给 UserImage 的 props 传递 imageClicked 函数。修复该问题：

```
...
var UserBadge = React.createClass({
  getDefaultProps: function() {
    return {
      friendlyName: "Billy McGee",
      userSlug: "billymcgee"
    };
  },
  imageClicked: function() {

  },
  render: function() {
    return (
      <div>
        <h1>{this.props.friendlyName}</h1>
        <UserImage slug={this.props.userSlug} imageClicked={this.imageClicked}
          ref="image"/>
```

```
        </div>
      );
    }
  }
});
```

好了，测试应该通过了！我们已经成功验证了父组件以期望的方式创建了子组件。

模拟事件

绝大多数的组件都会响应浏览器事件（点击事件、表单事件等）。为了在单元测试中覆盖这些场景，我们需要模拟浏览器事件。

> **测试工具 Simulate**
>
> Simulate 可能是 ReactTestUtils 中最有用的测试工具了——来自 React 的文档

首先为 ClickMe 编写测试用例，通过测试把代码展现出来：

```
/** @jsx React.DOM */
var React = require("react/addons");
var TestUtils = React.addons.TestUtils;

describe("ClickMe", function() {
  describe("Simulate.Click", function() {

    it("should render", function() {
      TestUtils.renderIntoDocument(<ClickMe />);
    });

  });
});
```

运行测试没有通过，原因是 ClickMe 还没有定义。创建该模块，并把它加入到测试中：

```
/** @jsx React.DOM */
var React = require("react");
var ClickMe = React.createClass({
  render: function() {
    return (
      <div></div>
```

```
    );
  }
});

module.exports = ClickMe;

...
var TestUtils = React.addons.TestUtils;

var ClickMe = require('../../../client/testing_examples/click_me');
...
```

既然这个组件可以成功渲染，那测试应该通过了。接着我们给 ClickMe 组件添加一些行为，使其可以显示出被点击的次数：

```
...
describe("ClickMe", function() {
  describe("Simulate.Click", function() {
    var subject;
    beforeEach(function() {
      subject = TestUtils.renderIntoDocument(<ClickMe />);
    });

    it("should output the number of clicks", function() {
      expect(subject.getDOMNode().textContent).toBe("Click me counter: 0");
    });
  });
});
```

在 beforeEach 中就渲染

你也许注意到了我们在 beforeEach 回调中调用了 renderIntoDocument，然后把返回值保存在了 subject 上。当用例可以共用初始化过程时，这种模式就非常有用，因为无须在每一个测试中拷贝 renderIntoDocument。

测试没有通过，因为 render 函数返回的内容还是一个空的 <div> 标签。修复之：

```
...
var ClickMe = React.createClass({
```

```
  render: function() {
    return (
      <h1>Click me counter: 0</h1>
    );
  }
});
```

...

万岁，又通过了一个测试！为了让测试通过"0"是强制编码在组件中的，大家不必为此担心。当测试的要求提出必须在组件中使用真实值的时候，我们再修改这个组件。

接下来提升测试，模拟用户点击 <h1> 标记，然后验证文本的变化。

...

```
  it("should increase the count", function() {
    expect(subject.getDOMNode().textContent).toBe("Click me counter: 0");

    // 点击 <h1> DOM 节点
    TestUtils.Simulate.click(subject.getDOMNode());

    expect(subject.getDOMNode().textContent).toBe("Click me counter: 1");
  });
```

...

注意，我们调用了 TestUtils.Simulate 工具中的 click 函数，把 DOM 节点传进去，就是接受 click 事件的节点。如果需要传递事件数据，我们可以将其作为 click 函数的第二个参数传进去。

测试还是没通过，因为组件还没有监听任何点击事件，无法增加计数器的值，我们应该加上必要的行为：

...

```
var ClickMe = React.createClass({
  getInitialState: function() {
    return {clicks: 0};
  },
  headingClicked: function() {
    var clicks = this.state.clicks;
```

```
      this.setState({clicks: clicks + 1});
    },
    render: function() {
      return (
        '<h1 onClick={this.headingClicked}>Click me counter: {this.state.clicks}
          </h1>'
      );
    }
});
...
```

现在测试通过了，我们已经成功学会了使用 TestUtils.Simulate！

测试中的组件查找器

你已经开始掌握一些测试的基础（组件渲染测试、监听组件的函数、模拟子组件和为组件模拟事件）。现在我们给出一个在本章前半部分曾提及的概念：在测试中查找被其他组件渲染出来的组件。掌握 TestUtils 中的查找方法可以让你的测试更易懂，更健壮，而且还能减少代码量。本小节通过以阐述细节为主的方式解释这些工具，因此你不用担心需要使用 TDD 的方式来编写这些代码：

```
/** @jsx React.DOM */
var React = require("react");
var CompanyLogo = require("./company_logo");
var NavBar = React.createClass({
  render: function() {
    return (
      <div>
        <CompanyLogo />
        <ul>
          <li className="tab active">Tab 1</li>
          <li className="tab">Tab 2</li>
          <li className="tab">Tab 3</li>
          <li className="tab">Tab 4</li>
          <li className="tab">Tab 5</li>
        </ul>
      </div>
```

```
      );
    }
});

module.exports = NavBar;

/** @jsx React.DOM */
var React = require("react");
var CompanyLogo = React.createClass({
  render: function() {
    return (<img src="http://example.com/logo.png" />);
  }
});

module.exports = CompanyLogo;
```

假设想查找所有由 <NavBar> 组件渲染的 <li> 组件,那你应该使用这个名为 TestUtils.scry-
RenderedDOMComponentsWithTag 的方法。

组件与元素间的比较

在上面的描述中,我们说的是"查找所有的 <li> 组件",而不是说"查找所有
的 <li> 元素"——这种区别是有意义的。TestUtils 的查找函数返回的是最高级
的 React 组件,不是 DOM 节点。这样你就可以访问组件上所有 React 级的属
性,这非常有用。如果真的需要关注底层 DOM 节点的话,你可以使用其中
的 .getDOMNode() 方法。

```
/** @jsx React.DOM */
var React = require("react/addons");
var TestUtils = React.addons.TestUtils;

var NavBar = require('../../../client/testing_examples/ nav_bar');
var CompanyLogo = require('../../../client/testing_examples/company_logo');

describe("TestUtils Finders", function() {

  var subject;
```

```
beforeEach(function() {
  subject = TestUtils.renderIntoDocument(<NavBar />);
});

describe("scryRenderedDOMComponentsWithTag", function() {
  it("should find all components with that html tag", function() {
    var results = TestUtils.scryRenderedDOMComponentsWithTag(subject, "li");
    expect(results.length).toBe(5);
    expect(results[0].getDOMNode().innerHTML).toBe("Tab 1");
    expect(results[1].getDOMNode().innerHTML).toBe("Tab 2");
  });
});
});
```

Scry（占卜）?

你可能会奇怪，为什么这个函数以"scry"开头，该如何发音呢？

它的发音有点像混合了"s"和"cry"的发音，尾音听起来与单词"sky"类似。（如果发音准确对于你来说很重要的话，Google 之，有一个播放的按钮，单击按钮即可播放它的发音）。

Scry 原意是指在一个水晶球中寻找东西。在 React 中，组件就好比是水晶球，而"Scry"就是在组件里面寻找其他组件。

每一个 scry* 函数都会对应有一个 find* 方法。两种方法拥有同样的行为，只是后者的返回值是一个组件而不是数组，如果找到多个同样的与参数匹配的组件，find* 方法就会抛出错误。

假若 <NavBar> 还渲染了另外一个组件，例如 <CompanyLogo>。想找出这个组件，你可以使用 scryRenderedComponentsWithType 函数：

```
...
  it("should find composite DOM components", function() {
    var results = TestUtils.scryRenderedComponentsWithType(subject, CompanyLogo);
    expect(results.length).toBe(1);

    // 尽管我们渲染的（查找到的）是一个 <CompanyLogo> 组件
    // 但其实它还是一个复合组件，实际上是一个 <img /> 标签
    expect(results[0].getDOMNode().tagName).toBe("IMG");
```

```
  });
...
```

在工具箱中，通过类型来查找组件是一种非常有用的方法。因为它允许你通过应用的领域（即组件）来测试应用自身，而非通过实现（CSS 样式类或者 id）。

基于类型查询的限制

在 React v0.11.0 中，如果你想使用 scryRenderedComponentsWithType 来查找像 React.DOM.div 或者 React.DOM.li 这样的组件，很不幸行不通，这些组件是原生的组件不是复合组件。我们不能确定 React 的实现是否会就这一点作出改变，但你可以到 *https://github.com/facebook/react/issues/1533* 关注更多信息。

如何通过 CSS 类来查找渲染的组件？与其他工具函数类似，所用到的函数名为 scry-RenderedDOMComponentsWithClass。

```
...
describe("scryRenderedDOMComponentsWithClass", function() {
  it("should find all components with that class attribe", function() {
    var tabs = TestUtils.scryRenderedDOMComponentsWithClass(subject, "tab");
    var activeTabs = TestUtils.scryRenderedDOMComponentsWithClass(subject,
      "active");

    expect(tabs.length).toBe(5);
    expect(activeTabs.length).toBe(1);
  });
});
...
```

mixin 测试

之前你学过如何创建 React mixin，知道 mixin 与组件是不同的，因此问题来了，mixin 该如何测试？事实上有三种方式：

1. 直接测试 mixin 对象。
2. 把 mixin 包含到一个虚拟组件中，然后测试这个虚拟组件。
3. 编写一个共享的用例，在所有用到这个 mixin 的组件中引用这个用例。

直接测试 mixin

想直接测试 mixin，只需简单调用 mixin 对象上的函数，验证行为是否符合预期即可。通常，这种方式可以实现细粒度的测试，这些测试需要避免在 mixin 中调用任何 React 方法。在 mixin 那一章，编写了 IntervalMixin 组件，因此我们把它作为样例代码。让我们试着从最简单的函数 componentDidMount 开始测试：

```
/** @jsx React.DOM */

var IntervalMixin = require('../../../client/testing_examples/interval_mixin');

describe("IntervalMixin", function() {
  describe("testing the mixin directly", function() {
    var subject;

    beforeEach(function() {
      // 警告：千万别这么做，这会产生我们接下来要讨论的问题
      subject = IntervalMixin;
    });

    describe("componentDidMount", function() {
      it("should set an empty array called __intervals on the instance",
       function() {
        expect(subject.__intervals).toBeUndefined();

        subject.componentDidMount();

        expect(subject.__intervals).toEqual([]);
      });
    });
  });
});
```

上面的测试运行通过。你也许注意到了我们正在把 IntervalMixin 当作 subject 来用，这并不是一种好的做法。因为 componentDidMount 函数会给 this，即给 subject，在这个例子中也就是给 IntervalMixin 对象添加属性。当运行下一个测试时，IntervalMixin 对象已经被污染，这会导致怪异的测试错误。想要亲眼看看测试是怎么被污染的，修改用例，复制

第一个测试：

```
...
describe("IntervalMixin", function() {
  describe("testing the mixin directly", function() {
    var subject;

    beforeEach(function() {
      // 警告：千万别这么做，这会产生我们接着要讨论的问题
      subject = IntervalMixin;
    });

    describe("componentDidMount", function() {
      it("should set an empty array called __intervals on the instance",
       function() {
        expect(subject.__intervals).toBeUndefined();

        subject.componentDidMount();

        expect(subject.__intervals).toEqual([]);
      });

      it("should set an empty array called __intervals on the instance (testing
       for test pollution)", function() {
        expect(subject.__intervals).toBeUndefined();

        subject.componentDidMount();

        expect(subject.__intervals).toEqual([]);
      });
    });
  });
});
```

你会发现第二个测试没有通过，错误出在 expect(subject.__intervals).toBeUndefined();
这一行，因为第一个测试已经运行过了：

　　　　　　　　　　　　React：引领未来的用户界面开发框架

Chrome 37.0.2062 (Mac OS X 10.8.2) IntervalMixin testing the mixin directly
componentDidMount should set an empty array called __intervals on the instance
(testing for test pollution) FAILED Expected [ ] to be undefined. Error:
Expected [ ] to be undefined.

要修复这个问题，就需要每次都使用一个新的 mixin 拷贝，因此我们把 beforeEach 改成使用 Object.create 的形式，两个测试都通过了：

```
...
  beforeEach(function() {
    subject = Object.create(IntervalMixin);
  });
...
```

现在你已经让 componentDidMount 的测试通过了。让我们开始测试 setInterval。mixin 中的 setInterval 函数做了三件事：

1. 作为一个调用真实 setInterval 函数的通道。

2. 将计时器的 id 保存到一个数组中（便于之后的清理）。

3. 返回计时器 id。

因此，针对这些点的测试方式如下：

```
...
  describe("setInterval", function() {
    var fakeIntervalId;
    beforeEach(function() {
      fakeIntervalId = 555;
      spyOn(window, "setInterval").andReturn(fakeIntervalId);
      // 注意：我们必须在调用 setInterval 之前调用 componentDidMount
      // 这样的话 this.__intervals 会事先被定义好
      // 这是直接调用 mixin 对象方法的缺点
      subject.componentDidMount();
    });

    it("should call window.setInterval with the callback and the interval",
      function() {
        expect(window.setInterval.callCount).toBe(0);
```

```
    subject.setInterval(function() {}, 500);

    expect(window.setInterval.callCount).toBe(1);
  });

  it("should store the setInterval id in the this.__intervals array",
   function() {

    subject.setInterval(function() {}, 500);

    expect(subject.__intervals).toEqual([fakeIntervalId]);
  });
  it("should return the setInterval id", function() {
    var returnValue = subject.setInterval(function() {}, 500);

    expect(returnValue).toBe(fakeIntervalId);
  });
});
```

...

剔除 React

注意到上面的测试没有用到特别的 React 功能，他们都是普通的 jasmine 测试。如果 mixin 函数有调用 React 提供的方法（例如 this.setState({})），通常推荐的做法就是通过 spyOn(subject, "setState") 把用到的特殊的 React 函数模拟出来。可以保证你的 mixin 测试只与 mixin 对象相关。

你可能已经发现直接测试 mixin 会让测试陷入细枝末节之中。在行为变得越来越复杂时，这么做挺有用的，不过有时候它会导致你的测试是针对实现的而不是功能。除此之外，它还要求你按照特定的顺序调用 mixin 的方法来模拟 React 生命周期的回调机制，在 setInterval 的测试中，我们不得不调用 subject.componentDidMount();。下一节将会介绍另外一种 mixin 的测试方式，可以避开这些缺点。

把 mixin 包含在虚拟组件中进行测试

通过一个假的组件，也就是"虚拟的"组件来测试 mixin，你需要在用例中定义一个 React 组件。把组件定义在用例中就是为了表明这些组件存在的唯一目的就是测试，不能把它们用在应用中。下面就是一个虚拟组件的例子。可以看出组件的功能很简单，因而测试也可以保持简单，有助于测试保持目标清晰。唯一有点烦琐的地方就是 render 函数，它是 React 必需的。

```
describe("testing the mixin via a faux component", function() {
  var FauxComponent;

  beforeEach(function() {
    // 注意模拟组件被定义到了 jasmine 测试文件中，这是有意为之的
    // 这是为了说明该 React 组件的存在仅仅是为了测试这个 mixin
    FauxComponent = React.createClass({
      mixins: [IntervalMixin],
      render: function() {
        return (<div>Faux components are all the rage!</div>);
      },
      myFakeMethod: function() {
        this.setInterval(function() {}, 500);
      }
    });
  });

});
```

现在虚拟组件已经有了，接下来写测试代码：

```
...
  describe("setInterval", function() {
    var subject;
    beforeEach(function() {
      spyOn(window, "setInterval");
      subject = TestUtils.renderIntoDocument(<FauxComponent />);
    });

    it("should call window.setInterval with the callback and the interval",
      function() {
        expect(window.setInterval.callCount).toBe(0);
```

```
      subject.myFakeMethod();
      expect(window.setInterval.callCount).toBe(1);
    });
  });

  describe("unmounting", function() {
    var subject;

    beforeEach(function() {
      spyOn(window, "setInterval").andReturn(555);
      spyOn(window, "clearInterval");
      subject = TestUtils.renderIntoDocument(<FauxComponent />);
      subject.myFakeMethod();
    });

    it("should clear any setTimeout's", function() {
      expect(window.clearInterval.callCount).toBe(0);
      React.unmountComponentAtNode(subject.getDOMNode().parentNode);
      expect(window.clearInterval.callCount).toBe(1);
    });
  });
```

...

渲染虚拟组件与直接测试 mixin 相比测试用例的第一个主要的不同点就是，你先要渲染一个所谓的虚拟组件，接着操作该组件来进行测试验证。除了这个明显的区别以外，还有另外一个细微的但会对测试造成很大影响的差别：“虚拟”组件测试的是 setInterval 和 unmounting，而直接测试测试的是 setInterval、componentDidMount 和 componentWillUnmount。

这看起来没什么区别呀，谁会在意呢？答案就是 componentDidMount 函数。定义了 this.__intervals 变量，但是值为空，它的值由其他函数设置。在直接测试 mixin 的用例中，我们通过对实现细节，即 this.__intervals 的验证来测试函数的实现，而不是测试 mixin 的功能。在虚拟组件测试法中，我们不需要测试 componentDidMount 的实现，因为在组件渲染到文档时，这样的测试已经暗含在 setInterval 的测试里面了。

用例块被称作"unmounting"而不是"componentWillUnmount"，为什么这一点很重要？因为我们不关心 clearInterval 代码是如何被调用的，仅关心在组件卸载时它是否被调用。因此与在直接测试用例中调用 subject.componentWillUnmount 不同，我们直接卸载这个组件，让 React 按照正确的顺序调用对应的回调。

> **该选择哪一个？**
>
> 目前我们已经学到的两个方法中——直接测试和虚拟测试——没有绝对的好坏，只有哪一个更合适，这需要视 mixin 的复杂程度和行为而定。有一个建议就是从编写直接的测试用例开始，因为这种方法最具专注性，如果这样写烦了，就换成虚拟组件测试（或者两者都用）。别怕，选中一个，然后让测试告诉你做得是否正确。

共享行为的用例

虚拟或者直接测试这两种测试没有涉及实际应用中的任何组件，就只是 mixin 自己。最后一种可用的测试 mixin 的方式就是借助实际使用这个 mixin 的组件来测试 mixin——这种方式被称为 "共享行为" 测试。这种测试第一个主要的特点就是大部分测试用例都不会放在 interval_mixin_spec.js 文件中，因为 since_2014_spec.js 会运行这些用例，需要把共享的行为保存到其他地方。让我们从 Since2014 的用例开始学习：

```
/** @jsx React.DOM */
var React = require("react/addons");
var TestUtils = React.addons.TestUtils;


var Since2014 = require('../../../client/testing_examples/ since_2014');


describe("Since2014", function() {
});
```

我们已经搭好了 Since2014 用例的架子，接下来添加作为示例的共享用例：

```
...
describe("Since2014", function() {
  describe("shared examples", function() {
    IntervalMixinSharedExamples();
  });
});
...
```

因为 IntervalMixinSharedExamples 还没有定义，测试运行失败，我们来定义一下这个函数：

```
...
var Since2014 = require('../../../client/testing_examples/since_2014');
var IntervalMixinSharedExamples = require('../shared_examples/interval_mixin_
shared_examples');
...
```

然后在 interval_mixin_shared_examples.js 文件中，添加共享用例的架子：

```
/** @jsx React.DOM */
var React = require("react/addons");
var TestUtils = React.addons.TestUtils;

var SetIntervalSharedExamples = function(attributes) {

  var componentClass;

  beforeEach(function() {
    componentClass = attributes.componentClass;
  });

  describe("SetIntervalSharedExamples", function() {
  });
};

module.exports = SetIntervalSharedExamples;
```

仔细研究这段代码，你会发现 IntervalMixinSharedExamples 就是一个函数，这个函数包含了一组 jasmine 测试。所以当 Since2014 的用例调用 IntervalMixinSharedExamples() 时，该函数，即这些测试就会运行。

还有一个重要的地方，就是共享行为模板代码中的 attributes.componentClass。你可以使用它通过依赖注入的方式把要测试的组件传递进来。在 Since2014 的例子中：

```
...
describe("Since2014", function() {
  describe("shared examples", function() {
    IntervalMixinSharedExamples({componentClass: Since2014});
```

```
  });
});
```

现在我们来编写 SetIntervalSharedExamples 用例：

```
/** @jsx React.DOM */
var React = require("react/addons");
var TestUtils = React.addons.TestUtils;

var SetIntervalSharedExamples = function(attributes) {

  var componentClass;

  beforeEach(function() {
    componentClass = attributes.componentClass;
  });
  describe("SetIntervalSharedExamples", function() {
    describe("setInterval", function() {

      var subject, fakeFunction;

      beforeEach(function() {
        spyOn(window, "setInterval");
        subject = TestUtils.renderIntoDocument(<componentClass />);
        fakeFunction = function() {};
      });

      it("should call window.setInterval with the callback and the interval",
       function() {
        expect(window.setInterval).not.toHaveBeenCalledWith(fakeFunction,
         jasmine.any(Number));

        subject.setInterval(fakeFunction, 100);

        expect(window.setInterval).toHaveBeenCalledWith(fakeFunction,
         jasmine.any(Number));
      });
```

```
  });
  describe("unmounting", function() {
    var subject, fakeFunction;

    beforeEach(function() {
      fakeFunction = function() {};

      spyOn(window, "setInterval").andCallFake(function(func, interval) {
        // 我们必须确保验证的 setInterval 调用来自于这个测试用例（不是来自于
        // 使用该 mixin 的组件）。
        // 所以我们强行限制针对 "fakeFunction" 的 setInterval 调用返回一个
        // 不同的 id。
        if (func === fakeFunction) {
          return 444;
        } else {
          return 555;
        }
      });
      spyOn(window, "clearInterval");
      subject = TestUtils.renderIntoDocument(<componentClass />);

      subject.setInterval(fakeFunction, 100);
    });
    it("should clear any setTimeout's", function() {
      expect(window.clearInterval).not.toHaveBeenCalledWith(444);

      React.unmountComponentAtNode(subject.getDOMNode().parentNode);

      expect(window.clearInterval).toHaveBeenCalledWith(444);
    });
  });
};

module.exports = SetIntervalSharedExamples;
```

看过共享行为的测试用例后，你应该注意到它们从本质上与基于模拟组件的测试用例是一样的，只是它们更加复杂一些。对于虚拟组件的测试来说，我们可以在 unmounting 用例中这样做：

spyOn(window, "setInterval").andReturn(555);

但是在共享示例中，我们要这么做：

```
spyOn(window, "setInterval").andCallFake(function(func, interval) {
  if (func === fakeFunction) {
    return 444;
  } else {
    return 555;
  }
});
```

这些额外的复杂度是基于这样一个事实：setInterval 除了在共享用例中会被调用，在 Since2014 也会，因此我们必须区分这两种调用。否则我们的共享测试可能无法正确地测试 mixin。也就是说，与同等的虚拟组件测试相比，共享行为的测试需要应付更多的噪音和复杂度。在特定场景下这些复杂度是值得的：

- 如果 mixin 要求 React 组件必须具备特定的函数或者行为，共享行为测试可以验证组件包含这些 mixin 所必需的函数或者行为（例如，验证组件是否具备 mixin 的接口）。
- 如果 mixin 给组件提供的行为很容易被组件覆盖或者搞混，共享行为测试可以作为确保不会发生这样事情的方法。

有三种可选的测试 mixin 的方式（直接测试、虚拟测试以及共享行为测试），每种方式都有自己的优缺点。当进行 mixin 测试时，不要害怕尝试可选的方式，一种方式不行时可以自由地切换到另外一种方式上。而且，结合不同的方式来测试 mixin 的不同部分也是可行的，这很可能是最好的方案。

渲染到 <body> 中

我们已经广泛地学习了如何测试 React 组件，现在回过头看我们学习的第一个主题——渲染组件测试——看一些更深层次的问题。对于 React.addons.TestUtils.renderIntoDocument 你可能会注意到的一个问题是，函数名是 renderIntoDocument，而不是 renderIntoBody 或直接使用 render。这其实是非常有意义的。React 作者试图告诉你这个函数将会渲染到一个分离的 HTML 文档中。因此，你的组件实际上并不在 <body> 中，在 jasmine 的测试页面中也看不到。对于大多数应用来说，这种方式没什么问题，而且通常很适用，但是当你的测试要求组件必须可见，必须在 <body> 中，该怎么办？

为了满足这些应用场景我们需要使用 React.renderComponent，因为它可以把组件渲染到 DOM 元素中，比如 <body> 中，就像真实应用做的那样。但是要这么做我们必须非常小心地处理父 DOM 元素的状态，否则被渲染的组件可能会影响甚至污染接下来的测试。为了解释其中的技巧，让我们从一个例子开始：让一个组件以像素为单位输出自己的宽度和高度。听起来非常简单——我们开始吧。

```
/** @jsx React.DOM */
var React = require("react/addons");
var TestUtils = React.addons.TestUtils;


describe("Footprint", function() {
  describe("render", function() {
    it("should output the width of the component", function() {
      React.renderComponent(<Footprint />);
    });
  });
});
```

测试无法通过，报错 ReferenceError: Footprint is not defined，修复之：

```
...
var HelloWorld = require('../../../client/testing_examples/hello_world');
var Footprint = require('../../../client/testing_examples/footprint');
...
/** @jsx React.DOM */

var React = require("react");
```

```
var Footprint = React.createClass({
  render: function() {
    return (
      <div></div>
    );
  }
});


module.exports = Footprint;
```

出错，无法通过测试：Error: Invariant Violation: _registerComponent(...): Target container is not a DOM element。

与 TestUtils.renderIntoDocument 不同，React.renderComponent 需要第二个参数，指定想要把组件渲染到其中的 DOM 元素。为了解决这个问题，让我们在用例中创建一个 <div>，并把它插入到 body 标签中。

```
// 提示：这不是一个完整的测试，请不要照着做。它有污染测试的问题
it("should output the width of the component", function() {
  var el = document.createElement("div");
  document.body.appendChild(el);

  React.renderComponent(<Footprint />, el);
});
```

现在我们的测试已经可以把组件渲染到一个独立的 DOM 节点中了。继续完善测试，验证 HTML 输出的组件宽度是否正确：

```
// 提示：这不是一个完整的测试，请不要照着做。它有污染测试的问题
it("should output the width of the component", function() {
  var el = document.createElement("div");
  document.body.appendChild(el);
  var myComponent = React.renderComponent(<footprint></footprint>, el);
  expect(myComponent.getDOMNode().textContent).toContain("component width: 100");
});
```

运行测试失败,出错信息:Expected '' to contain 'component width: placeholder-value'。我们把这个功能加进来：

```
var Footprint = React.createClass({
```

```
getInitialState: function() {
  return { width: undefined };
},
componentDidMount: function() {
  var componentWidth = this.getDOMNode().offsetWidth;
  this.setState({ width: componentWidth });
},
render: function() {
  var divStyle = { width: "100px" };
  return (<div style={divStyle}>component width:{this.state.width}</div>);
}
});
```

测试通过！但是还没完，运行接下来的测试时，我们刚渲染的组件还会残留在那里，因此我们必须确保在下一个测试开始时把它卸载掉。我们可以在用例中添加清理过程：

```
describe("Footprint", function() {
  describe("render", function() {

    var el;

    beforeEach(function() {
      el = document.createElement("div");
      document.body.appendChild(el);
    });

    afterEach(function() {
      // 我们必须告诉 React 卸载这个组件，做好清除工作
      React.unmountComponentAtNode(el);

      // 我们同时还要移除 <div id="content"></div>
      // 这样的话 beforeEach 函数可以为每一个测试创建一个独立且全新的 div
      el.parentNode.removeChild(el);
    });
    it("should output the width of the component", function() {
      var myComponent = React.renderComponent(<Footprint /> , el);
      expect(myComponent.getDOMNode().textContent).toContain("component width:
```

　　　　　　　　　　　　React：引领未来的用户界面开发框架

```
        100");
      });
    });
  });
```

现在我们可以把组件成功渲染到 DOM 中，而且无须担心测试污染问题了。如果你需要经常这么做，jasmineReactHelpers 提供了一个辅助函数，可以在测试结束时自动卸载对应的组件。下面是使用 jasmine-react-helper 的 renderComponent 函数的示例：

```
...
var jasmineReact = require("jasmine-react-helpers");
...
describe("jasmineReact.renderComponent", function() {

  var el;

  beforeEach(function() {
    // 将一个 DOM 元素添加到 <body> 标记中
    el = document.createElement("div");
    document.body.appendChild(el);
  });

  afterEach(function() {
    // 我们同时还要移除 <div></div>
    // 这样的话 beforeEach 函数可以为每一个测试创建一个独立且全新的 div
    el.parentNode.removeChild(el);
  });

  it("should return the component which is mounted", function() {
    var myComponent = jasmineReact.renderComponent(<HelloWorld />, el);

    // 你可以对组件做一些断言
    expect(myComponent.props.name).toBe("Bleeding Edge React.js Book");
  });

  it("should put the component into the DOM", function() {
    var myComponent = jasmineReact.renderComponent(<HelloWorld />, el);
```

```
// 注意 DOM 节点的宽度和高度是真实的值
expect(myComponent.getDOMNode().offsetWidth).not.toBe(0);
expect(myComponent.getDOMNode().offsetHeight).not.toBe(0);
  });
});
```

这里最大的区别就是我们不再需要调用 React.unmountComponentAtNode(el);，因为 jas-mineReactHelpers 已经为我们处理了——任何由它渲染的组件，都会被它回收。

为了渲染到 \<body\> 中这样做值得么？

我们一直在讨论的都是 DOM 清除和测试污染，真的值得把组件渲染到真实的 DOM 中吗？在大多数情况下答案是否定的。只要可能，我们建议你使用 React.addons.TestUtils.renderIntoDocument。只有在你的应用代码需要把组件渲染到一个固定的 DOM 节点上时，才在测试中采用 renderComponent 的方案。

服务端测试

到目前为止，我们学习的关于 React 组件的测试都是用在浏览器中的，即在客户端中。但在第 12 章你也学过在 Node 应用中（即服务端中）使用 React 组件。因此我们继续学习如何测试服务端的 React 组件。在接下来的例子中，我们将使用 mocha 作为测试框架，也可以使用 jasmine-node，但是 mocha 在 Node 生态中非常流行，因为它非常支持异步，这里选择使用它。

不要搞得像宗教战争一样

Jasmine 和 Mocha 都是非常棒的框架，无论选择哪个都是不错的。React 代码使用 Jasmine 来做测试（实际上它将 Jasmine 封装成了一个新项目 Jest，我们之前提过的），所以我们推荐 Jasmine。不过 Mocha 也做成功了很多 Node.js 中有名的项目（并可以完美搭配 Chai 来做断言），因此我们也想向你们推荐使用 Mocha。

在问卷项目中，应用使用 react-router 来做路由处理，在客户端和服务端使用同样的路由。这种双重用法使得这些代码是同构的 JavaScript 代码。让我们看一下当这些代码用在服务端时我们是如何测试的。查看 client/app/app_router.js 文件，你会发现它做了几件事：

1. require 了应用的路由：

```
var app_router = require("../../client/app/app_router");
```

2. 使用 express 的 router 作为处理路由的中间件：

```
var router = require('express').Router({caseSensitive: true,
 strict: true});
...
router.use(function (req, res, next) {
...
});
```

3. 调用 react-router，传入 URL：

```
Router.renderRoutesToString(app_router, req.originalUrl)
```

4. 定义一个成功的处理器，把输出的 HTML 渲染到模板中：

```
var template = fs.readFileSync(__dirname + "/../../client/ app.html",
 { encoding: 'utf8' });
...
Router.renderRoutesToString(app_router,
 req.originalUrl).then(function(data) {
  var html = template.replace(/\{\{body\}\}/, data.html);
  html = html.replace(/\{\{title\}\}/, data.title);
  res.status(data.httpStatus).send(html);
}, ...);
```

为了测试上面这个过程，创建一个测试文件，test/server/routing.test.js，添加如下模板代码：

```
var request = require('supertest');
var app = require('../../server/server.js');

describe("serverside routing", function() {

});
```

在服务端的测试模板中：

1. 引入了 server.js 这个 Node.js 应用。

2. 使用 supertest 模块，它允许我们在不启用一个正式服务器的情况下向 node 服务器发出请求。

3. 这个 describe 块是一个 mocha 的函数，不是 Jasmine 函数。我们将看到 Mocha 的 API 会稍有不同。

为了运行 node 测试，创建 test/server/main.js 文件，请添加：

```
require('./routing.test.js');
```

然后运行命令：npm run-script test-server，你应该看到这样的输出：

```
tom:bleeding-edge-sample-app (master) $ npm run-script test-server
> bleeding-edge-sample-app@0.0.1 test-server /Users/tom/workspace/bleeding-edge-
sample-app
> mocha test/server/main.js


  0 passing (5ms)
```

很棒，模板代码没什么问题，我们的 Mocha 测试运行了之后没有明显的错误。我们现在添加第一个测试，向 node 服务器的 /add_survey 发送一个 GET 请求：

```
...
describe("serverside routing", function() {
  it("should render the /add_survey path successfully", function(done) {
    request(app)
      .get('/add_survey')
      .expect(200)
      .end(done);
  });
});
```

这个测试看起来和 Jasmine 的测试有些类似，但有一个很大的区别就是 done 函数。你有没有注意到传递给 it 的匿名函数接受了一个名为 done 的参数？这是一个回调函数，在完成验证测试时我们需要调用它。在这个测试中，我们向 server.js 应用发送一个 GET 请求到 /add_survey。然后预期返回 200 状态码，最后，调用 done 方法，告诉 Mocha 我们的断言都被调用了。

Supertest

上面的 request、get、expect 和 end 函数都来自于 Supertest 项目。可以到 *https://github.com/visionmedia/supertest* 查看 Supertest 的文档。

React：引领未来的用户界面开发框架

运行测试，应该可以通过：

```
tom:bleeding-edge-sample-app (master) $ npm run-script test-server
> bleeding-edge-sample-app@0.0.1 test-server /Users/tom/workspace/bleeding-edge
-sample-app
> mocha test/server/main.js


    serverside routing
        should render the AddSurvey component for the /add_survey path (87ms)
    1 passing (97ms)
```

万岁！现在我们要添加一些断言来验证我们实际获取到的内容。

注意 done() 的调用方式

不要写出像下面这样的测试。这样写是不行的，因为 done 函数将会在链式调用中的 expect 被调用前调用。

```
it("should render the /add_survey path successfully",
 function(done) {
   request(app)
     .get('/add_survey')
     .expect("666");
     // 千万不要这么做！这个测试无论如何都会通过，即使断言都是失败的
   done();
});
```

为了验证 React 组件 AddSurvey 渲染得是否正确，我们应该对返回的 HTML 做一些断言。我们先对测试做一点小小的变化：

```
...
it("should render the AddSurvey component for the /add_survey path",
 function(done) {

  request(app)
    .get('/add_survey')
    .expect(200)
    .end(function(err, res) {
    console.log("OUR HTML IS: " + res.text)
    done();
```

```
  });
});
...
```

输出如下：

```
tom:bleeding-edge-sample-app (master) $ npm run-script test-server
> bleeding-edge-sample-app@0.0.1 test-server /Users/tom/workspace/bleeding-edge
-sample-app
> mocha test/server/main.js


  serverside routing
HTML IS: <!DOCTYPE html>
<html>
  <head lang='en'>
    ...
    <title>Add Survey to SurveyBuilder</title>
    ...
  </head>
  <body>
  <div class="app" data-reactid=".qajmfw0740" data-react-
  checksum="2024417999">...</div>
  <script src="/build/bundle.js" type="text/javascript"></script>
  </body>
</html>
    should render the AddSurvey component for the /add_survey path (89ms)


  1 passing (100ms)
```

好了，可以看到 Node.js 应用把 AddSurvey 组件正确地渲染成了一个字符串，并且把它插入到了模板的 body 标签内。现在我们对 res.text 做普通的字符串对比即可。不过这种方式不够健壮，容易出问题。因此我们应该对返回的 HTML 进行解析，然后再基于解析结果做一些断言。为了解析 HTML，我们使用 Cheerio 库。Cheerio 是一个 node 模块，可以用它来"加载" HTML，然后做一些类 jQuery 的操作。于是我们的测试看起来大致是这样的：

```
var cheerio = require('cheerio');
...
it("should render the AddSurvey component for the /add_survey path",
 function(done) {
  request(app)
    .get('/add_survey')
    .expect(200)
    .end(function(err, res) {
      var doc = cheerio.load(res.text);
      expect(doc("title").html()).to.be("Add Survey to Survey-Builder");
      expect(doc(".main-content .survey-editor").length).to.be(1);
      done();
    });
});
...
```

在 end 函数中：

1. 从 res.text 中获取返回的 HTML。

2. 调用 cheerio.load 解析之。

3. 验证 <title> 元素的 innerHTML。

4. 验证页面上包含 .main-content .survey-editor 元素。

这个测试应该可以顺利通过！接下来学习另外一个例子，测试验证 404 处理器工作是否正常：

```
it("should render a 404 page for an invalid route", function(done) {
  request(app)
    .get('/not-found-route')
    .expect(404)
    .end(function(err, res) {
      var doc = cheerio.load(res.text);
      expect(doc("body").html()).to.contain("The Page you were looking for
        isn&apos;t here!");
      done();
    });
});
```

浏览器自动化测试

在本章的开头定义了测试的不同类型，到目前为止我们一直把注意力放在单元测试上，但还有一种值得我们花时间学习的测试——功能测试。功能测试是一种从终端用户的角度出发验证应用功能正确与否的测试。对于 Web 应用来说，就是指像用户一样在浏览器中点来点去，填写表单。

简单介绍

本节将会简单介绍一些编写 Web 应用功能测试的基础知识。与详尽介绍的资源相比这有点太过简单了。如果你想学习更多关于这方面的内容，有很多不错的专门讨论这个主题的书 *The Cucumber Book*[a] 和 *Instant Testing with CasperJS*[b]）。

在功能测试中，将会直接使用 Web 浏览器执行特定的行为，然后验证网页的状态是否正确。我们将要使用一个很棒的工具 CasperJS 来实现。如果你之前没有接触过 CasperJS 或者其他浏览器自动化测试工具，下面是几个重要的名词解释：

1. CasperJS——测试工具，可以非常方便地操纵浏览器。CasperJS 使用 PhantomJS 作为自己的浏览器实现。

2. PhantomJS——一个提供了 JavaScript API 的无上层的浏览器，使用 Webkit 作为渲染引擎。

3. 无上层的浏览器——想象你每天都在使用的浏览器 (Chrome、Firefox、IE)，只是它没有屏幕上的可视化界面，但可以在终端中运行，可以使用命令与它交互。

4. 操纵浏览器——比如点击链接、编写表单、访问 url 和拖拽元素等，就是做任何用户会在浏览器里做的事情。

5. Webkit——驱动 Safari 的渲染引擎。（驱动 Chrome 的引擎 Blink 也是 Webkit 的一个分支，Firefox 则是由 Gecko 引擎驱动，而 Internet Explorer 是由 Trident 驱动）。

---

[a] *https://pragprog.com/book/hwcuc/the-cucumber-book*
[b] *http://www.amazon.com/Instant-Testing-CasperJS-%C3%89ric-Br%C3%A9hault/dp/1783289430*

在我们开始全面功能测试之前，先掌握一个简单的 CasperJS 测试：

```
casper.test.begin('Adding a survey', 1, function suite(test) {
  casper.start("http://localhost:8080/", function() {
    test.assertTitle("SurveyBuilder", "the title for the homepage is correct");
```

```
  });

  casper.run(function() {
    test.done();
  });

});
```

整体上看，这个测试就是访问 Survey 应用的首页，然后验证页面的 title 是否正确。你首先会注意到的是，在这个测试中并没有涉及 React——设计就是如此。Casper 可以像用户一样驱动浏览器。因此，借助 React 编写应用程序仅仅是一个实现细节。你可能还会注意到这个测试还有一个标题、一个整数参数以及一个运行测试的函数。整数参数就是在测试中断言的个数。好了，开始我们的第一个测试，在 test/functional/adding_a_survey.js 文件中，开始使用应用的局部功能 "Add a Survey（添加问卷）"：

```
// 配置 casper.js
casper.options.verbose = true;
casper.options.logLevel = "debug";
casper.options.viewportSize = { width: 800, height: 600 };


casper.test.begin('Adding a survey', 0, function suite(test) {

});
```

模板代码已经写好，让我们规划一下需要自动化测试的内容：

1. 访问主页。

2. 验证主页正常加载。

3. 点击 "Add a Survey（添加问卷）" 链接。

4. 验证跳转到了正确的页面。

```
casper.test.begin('Adding a survey', 0, function suite(test) {
  casper.start("http://localhost:8080/", function() {
    console.log("we went to the homepage!")
  });
});
```

为了运行测试，需要运行 CasperJS，因此把 casperjs 模块安装好，接着运行测试：

```
npm install -g casperjs
casperjs test test/functional
```

产生如下输出：

```
tom:bleeding-edge-sample-app (master) $ casperjs test test/functional/
Test file: /Users/tom/workspace/bleeding-edge-sample-app/test/functional/adding_
a_survey.js
# Adding a survey
[info] [phantom] Starting...
[info] [phantom] Running suite: 2 steps
[debug] [phantom] opening url: http://localhost:8080/, HTTP GET
[debug] [phantom] Navigation requested: url=http://localhost: 8080/, type=Other,
 willNavigate=true, isMainFrame=true
[warning] [phantom] Loading resource failed with status=fail: http://localhost:
8080/
[debug] [phantom] Successfully injected Casper client-side utilities
we went to the homepage!
[info] [phantom] Step anonymous 2/2: done in 53ms.
[info] [phantom] Done 2 steps in 72ms
WARN Looks like you didn't run any test.
```

在输出中找下面这些部分：

1. 尝试在浏览器中加载主页。

2. 加载失败(Loading resource failed with status=fail: http://localhost:8080/)。

3. 在主页加载失败之后可以看到 conosole.log 输出内容。

4. 我们被告知没有运行任何测试。

#1 和 #3 还好，#4 也不是问题，因为我们还没有编写任何断言。但 #2 是个问题。我们需要确保在开始测试之前应用已经启动了。因此我们启动应用：

```
npm start
```

然后重新运行 casperjs 测试命令，输出如下：

```
tom:bleeding-edge-sample-app (master) $ casperjs test test/functional/
Test file: /Users/tom/workspace/bleeding-edge-sample-app/test/functional/adding_
a_survey.js
# Adding a survey
```

React：引领未来的用户界面开发框架

```
[info] [phantom] Starting...
[info] [phantom] Running suite: 2 steps
[debug] [phantom] opening url: http://localhost:8080/, HTTP GET
[debug] [phantom] Navigation requested: url=http://localhost: 8080/, type=Other,
 willNavigate=true, isMainFrame=true
[debug] [phantom] url changed to "http://localhost:8080/"
[debug] [phantom] Successfully injected Casper client-side utilities
[info] [phantom] Step anonymous 2/2 http://localhost:8080/ (HTTP 200)
we went to the homepage!
[info] [phantom] Step anonymous 2/2: done in 1773ms.
[info] [phantom] Done 2 steps in 1792ms
WARN Looks like you didn't run any test.
```

好多了！接着添加一个断言——验证首页 HTML 的 <title> 值是否是 SurveyBuilder。

```
...
casper.start("http://localhost:8080/", function() {
  // 验证首页的标题是否是 "SurveyBuilder"
  test.assertTitle("SurveyBuilder", "the title for the homepage is correct");
});
...
```

新添加了验证标题是否正确的代码。注意我们用传递的第二个参数来描述测试，它会被 capserjs 输出到终端（在 PASS 这一行）：

```
tom:bleeding-edge-sample-app (master) $ casperjs test test/functional/
Test file: /Users/tom/workspace/bleeding-edge-sample-app/test/functional/adding_
a_survey.js
# Adding a survey
[info] [phantom] Starting...
[info] [phantom] Running suite: 2 steps
[debug] [phantom] opening url: http://localhost:8080/, HTTP GET
[debug] [phantom] Navigation requested: url=http://localhost:8080/, type=Other,
 willNavigate=true, isMainFrame=true
[debug] [phantom] url changed to "http://localhost:8080/"
[debug] [phantom] Successfully injected Casper client-side utilities
[info] [phantom] Step anonymous 2/2 http://localhost:8080/ (HTTP 200)
PASS the title for the homepage is correct
```

```
[info] [phantom] Step anonymous 2/2: done in 1864ms.
[info] [phantom] Done 2 steps in 1883ms
PASS 1 test executed in 1.89s, 1 passed, 0 failed, 0 dubious, 0 skipped.
```

> **CasperJS 文档**
>
> 如果你想要进一步了解 CasperJS 能做的事情，可以阅读它的文档 *casperjs.org*。

第一个测试已经通过，接下来我们点击一个链接试试。

```
...
casper.start("http://localhost:8080/", function(){
  // 验证首页的标题是否是 "SurveyBuilder"
  test.assertTitle("SurveyBuilder", "the title for the homepage is correct");

  // 点击 "Add Survey" 链接（导航栏的第二个链接）
  this.click(".navbar-nav li:nth-of-type(2) a");
});
...
```

点击函数使其接受一个 CSS 选择器。在本例中，我们点击了导航栏的第二个链接。如果链接包含唯一的 class 或者 id，最好把它们作为选择器参数。现在点击添加问卷的链接，验证用户在添加问卷页面看到的内容：

```
...
casper.start("http://localhost:8080/", function() {
  // 验证首页的标题是否是 "SurveyBuilder"
  test.assertTitle("SurveyBuilder", "the title for the homepage is correct");

  // 点击 "Add Survey" 链接（导航栏的第二个链接）
  this.click(".navbar-nav li:nth-of-type(2) a");
});

casper.then(function() {
  // 验证 /add_survey 页面看上去是否与我们预期的一致
  test.assertTitle("Add Survey to SurveyBuilder",
    "the title for the add survey page is correct");
  test.assertTextExists("Drag and drop a module from the left",
    "instructions for drag and drop questions exist on the add survey screen");
```

```
});
...
```

在这段代码中，你可能已经发现了某些不一样的地方——新添加的验证放在了 then，而不是像之前的测试一样放在 start 的回调中。为什么？因为在调用 click 时，CasperJS 在点击操作完成之前都处于等待状态，包括等待新的页面加载完成。这使得 click 是一个异步的操作。因此我们必须把下一个指令放在 then 回调中，在点击添加问卷的操作完成后再执行。

使用命令 casperjs test test/functional/ 运行这些测试，你将会看到它们全部通过！

启动服务器

目前，我们必须在运行 CasperJS 测试之前启动 npm 服务器。这不连贯而且对于持续集成系统（如果你使用的话）不友好。因此我们需要编写 bash 脚本，在运行测试时，启动一个新的服务器。在项目的根目录名为 run_casperjs.js 的文件中添加一段脚本：

```
// 把 node Web 服务器运行在 3040 端口上
var app = require("./server/server"),
  appServer = app.listen(3040),
  // 在子进程中运行 casperjs 测试
  spawn = require('child_process').spawn,
  casperJs = spawn('./node_modules/casperjs/bin/casperjs',
   ['test', 'test/functional']);


// 将 casperjs 的全部输出 pipe 到主输出
casperJs.stdout.on('data', function(data) {
  console.log(String(data));
});
casperJs.stderr.on('data', function(data) {
  console.log(String(data));
});


// 当 casperjs 运行完毕时，我们需要关闭 node Web 服务器
casperJs.on('exit', function() {
  appServer.close();
});
```

该文件做了以下几件事：

1. 加载 Node.js 服务器。

2. 在 3040 端口启动服务器。

3. 分出一个子进程，运行 CasperJS 测试。最复杂的一行是相当于在命令行运行的 `casperjs test test/functional`。

4. 将 CasperJS 的输出 pipe 到终端。

5. 当测试完成后，关闭服务器。

现在更新用例，把之前你设置的 8080 端口改成 3040。运行 `./run_casperjs.js`，不但会运行自动化的 CasperJS 测试，还会开关 node 服务器！

但愿你现在已经理解 CasperJS 测试大概的样子，以及如何编写简单的测试。本节不会详尽介绍 CasperJS，因此我们推荐以下资源方便你进行更深入的学习：

- Joseph Scott 的"使用 CasperJS 进行站点测试"
  https://www.youtube.com/watch?v=flhjYUNCo-U
- CasperJS 测试框架
  http://docs.casperjs.org/en/latest/testing.html
- CasperJS 文档
  http://docs.casperjs.org/en/latest/modules/casper.html

总结

本章是一场关于测试概念的风暴，包括渲染测试、监听测试、模拟测试、模拟事件、mixin 测试、组件查找器、服务端测试以及功能测试等概念！你现在已经做好准备，在真实的项目中测试 React 组件了。

我们已经学会了如何对 React 项目做单元测试和功能测试。接下来，让我们学习一些架构模式，在自己的 React 项目中使用。

第 *16* 章

架构模式

React 主要的功能在于渲染 HTML。你可以将其看作是 MVC 当中的 V，它不会影响到在组件当中直接调用 AJAX 请求之类的操作：

```
var TakeSurvey = React.createClass({
  getInitialData: function () {
    return {
      survey: null
    };
  },
  componentDidMount: function () {
    $.getJSON('/survey/' + this.props.id, function (json) {
      this.setState({survey: json});
    });
  },
  render: function () {
    if (!this.state.survey) return null;
    return <div>{this.state.survey.title}</div>;
  }
});
```

如果你用 MVC 框架，那么你可以很容易地把 React 集成到大多数的应用框架中去。

这一章我们会介绍一些可以和 React 搭配的方案或者类库，帮助你构建应用。

路由

路由在单页面应用里为 URL 指定处理器函数。假设要为 URL /surveys 运行一个函数，函数的功能是从服务器加载用户，然后渲染 <ListSurveys> 组件。

路由有很多种。在服务器端也存在着路由。有一些路由可以同时在客户端和服务端运行。

React 仅仅是一个一个地渲染类库，没有路由的功能。不过有很多路由模块可以搭配 React 使用，在本节中我们将介绍其中的几个。

Backbone.Router

Backbone 是单页面应用类库，采用了 MVX（Model-View-Whatever）架构。其中 X 指代控制器（Controller），通常指代的是路由。对 Backbone 来说就是如此。

Backbone 是模块化的，你可以只用它的路由功能。它可以和 React 很好地搭配在一起使用。

用 Backbone.Router 重写前面提到的有关 /surveys 的例子：

```
var SurveysRouter = Backbone.Router.extend({
  routes: {
    "surveys": "list"
  },
  list: function() {
    React.renderComponent(
      <ListSurveys />,
      document.querySelector('body')
    );
  }
});
```

路由需要处理 URL 中动态的部分和 queryString。Backbone.Router 具备这样的功能，示例如下：

```
// surveys_router.js
```

```
var SurveysRouter = Backbone.Router.extend({
  routes: {
    "surveys": "list",
    "surveys/:filter": "list"
  },
  list: function(filter) {
    React.renderComponent(
      <ListSurveys filter={filter}/>,
      document.querySelector('body')
    );
  }
});
```

在上面的例子中，给定一个比如 /surveys/active 这样的 URL 地址，那 SurveysRouter#list 的参数 filter 就是 active。

从网址 *http://backbonejs.org/#Router* 中可以了解更多 Backbone.Router 的相关信息，亦可下载 Backbone 源码。

Aviator

与 Backbone.Router 不同，Aviator 是一个独立的路由类库。

在 Aviator 中，路由定义与 RouteTarget 是相互独立的。即 Aviator 不关心 RouteTarget 的实现和行为，仅试着调用赋值在它上面的方法。

比如有这样一个 RouteTarget：

```
// surveys_route_target.js
var SurveysRouteTarget = {
  list: function () {
    React.renderComponent(
      <ListSurveys>,
      document.querySelector('body')
    );
  }
};
```

与这个对象对应，需要有一份路由的配置（整个应用只能有唯一的路由配置），这个配置通常写在另外一个独立的文件中。

```javascript
// routes.js
Aviator.setRoutes({
  '/surveys': {
    target: UsersRouteTarget,
    '/': 'list'
  }
});
// 让 Aviator 把 url 分派到 RouteTarget
Aviator.dispatch();
```

设置 RouteTarget 处理参数：

```javascript
// routes.js
Aviator.setRoutes({
  '/surveys': {
    target: UsersRouteTarget,
    '/': 'list',
    '/:filter': 'list'
  }
});


// surveys_route_target.js
var SurveysRouteTarget = {
  list: function (request) {
    React.renderComponent(
      <ListSurveys filter={request.params.filter}/>,
      document.querySelector('body')
    );
  }
};
```

Aviator 有一个很棒的特性就是可以使用多个 RouteTarget，例如下面这样的路由配置：

```javascript
// routes.js
Aviator.setRoutes({
  target: AppRouteTarget,
  '/*': 'beforeAll',
```

```
  '/surveys': {
    target: UsersRouteTarget,
    '/': 'list',
    '/:filter': 'list'
  }
});
```

对于 '/surveys/active' 这样的 URL，Aviator 会先调用 AppRouteTarget.beforeAll 再调用 UsersRouteTarget.list——只要匹配，Action 的数量并不受限制。你还可以定义路由离开时的执行函数，当用户从匹配的路由离开时，定义过的执行函数会从内到外依次执行。

在 *https://github.com/swipely/aviator* 可以阅读更多内容和下载 Aviator。

react-router

react-router 不同于其他路由，它完全是由 React Component 构成的。

路由被定义成了组件，路由的处理器也是组件。

按照 react-router 的写法路由是这样的：

```
var appRouter = (
  <Routes location="history">
    <Route title="SurveyBuilder" handler={App}>
      <Route name="list" path="/" handler={ListSurveys} />
      <Route title="Add Survey to SurveyBuilder" name="add" path="/add_survey"
       handler={AddSurvey} />
      <Route name="edit" path="/surveys/:surveyId/edit" handler={EditSurvey} />
      <Route name="take" path="/surveys/:surveyId" handler={TakeSurveyCtrl} />
      <NotFound title="Page Not Found" handler={NotFoundHandler}/>
    </Route>
  </Routes>
);
```

每一个处理器就是一个对应着特定页面的组件。把上面的路由作为顶层的组件渲染来启动它[1]：

---

[1] react-router 的 API 在 0.11.x 有较大的更改，详见项目文档。——译者注

```
React.renderComponent(
  appRouter,
  document.querySelector('body')
);
```

就像其他的路由一样，react-router 也有类似的参数概念。比如路由 '/surveys/:surveyId' 会把 surveyId 属性传给 TakeSurveyCtrl 组件。

Link 是 react-router 提供的很酷的特性之一。你可以使用它来导航，它可以自己对应到路由上。而且它还能自动给链接添加 active 样式，标记当前的活动页面。

使用 react-router Link 组件后 <MainNav/> 组件看起来是这样的：

```
var MainNav = React.createClass({
  render: function () {
    return (
      <nav className='main-nav' role='navigation'>
        <ul className='nav navbar-nav'>
          <li><Link to="list">All Surveys</Link></li>
          <li><Link to="add">Add Survey</Link></li>
        </ul>
      </nav>
    );
  }
});
```

到 *https://github.com/rackt/react-router* 获取更多 react-router 的相关信息或下载它。

Om (ClojureScript)

Om 是比较流行的 React 的 ClojureScript 接口。通过 ClojureScript 的不可变数据结构，Om 可以飞快地重新渲染整个应用。而且每个操作都可以很容易地被存为快照，用来实现撤销等功能。

Om 组件看起来是这样：

```
(ns example
(:require [om.core :as om :include-macros true]
          [om.dom :as dom :include-macros true]))
(defn App [data owner]
```

```
(reify
  om/IRender (render [this]
    (dom/h1 nil (:text data)))))
```

```
(om/root App {:text "Survey Builder"}
  {:target (. js/document (querySelector "body"))})
```

它将被渲染为 `<h1>Survey Builder</h1>`。

Flux

前面的架构模式都是随着 React 开源而出现的。但 Flux 是 React 的原作者从一开始就设计好的。

Flux 是 Facebook 引入的架构模式。它为 React 提供了一套单向数据流的模式,这个模式很容易审查数据修改的过程和原因。实现 Flux 起来只需要很少的脚手架代码。[2]

Flux 由三个主要的部分组成:Store,Dispatcher 和视图(即 React Component)。Action 作为创建 Dispatcher 的语义化接口的辅助方法,可以当作 Flux 模式的第四个部分。

顶层的 React 组件类似于一个控制视图(Controller-View)。控制视图的组件与 Store 进行交流并协助其与子组件进行通信。这与 iOS 开发中的控制视图差别不大。

Flux 模式里的每个部分都是独立的,强制进行了严格的隔离,通过隔离来保证每个部分都易于测试。

数据流

Flux 使用的是单向数据流。这在已有的 MVC 框架中显得很特别,但也带来了一些独特的好处。因为 Flux 没有用双向绑定,所以它的应用很容易审查问题的来源。状态是在 Store(Store 是 Flux 中数据的拥有者)中维护的,因此很容易跟踪。Store 通过 change 方法传送数据,触发视图的渲染。用户的输入行为会触发 Action 通过 Dispatcher 进行分派,以此传送数据到专门处理特定 Action 的 Store 中。

---

[2] 在 Flux 之后 React 还介绍了一套名为 Relay 的方案,它在 Flux 的基础上将带来更多数据模型方面的改进。可以在 React 官方博客查找到 Relay 的相关介绍。——译者注

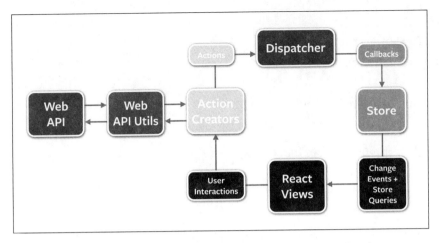

图片来源：Facebook（*https://github.com/facebook/flux/*）

Flux 各个部分

Flux 由实现特定功能的几个部分组成。在单向数据流当中，Flux 的每个部分获取上游输入的内容进行处理，然后向下游发送它的输出内容。

- Dispatcher ——应用的中心仓库
- Action ——应用的 DSL（Domain Specific Language）
- Store ——业务逻辑和数据交互
- 视图——渲染应用组件树

下面我们来讨论每个部分，及它们分别对应什么功能，怎样在 React 应用中合理使用。

Dispatcher

我们从 Dispatcher 开始，因为它是所有用户交互和数据流的中心仓库。在 Flux 模式当中 Dispatcher 是一个单例。

Dispatcher 负责在 Store 上注册回调以及管理它们之间的依赖关系。用户的 Action 会流入 Dispatcher。数据会传送到注册过 Action 的 Store 当中。

我们的 Survey Builder 中包含了一个相对简单但有效的管理单个 Store 的 Dispatcher。然而，随着应用扩张，你一定会遇到需要管理多个 Store 和它们之间依赖的情况。这种情况我们会在后面讨论。

　　　　　　　　　　　　　React：引领未来的用户界面开发框架

Action

从用户的角度看，这是 Flux 的起点。每个在 UI 上的行为都会创建一个被发送到 Dispatcher 的 Action。

尽管 Action 不是 Flux 模式真正的部分，但它们构成了应用的 DSL。用户操作被转化成为有含义的 Dispatcher Action——Store 可以依此调用相应的行为。

我们的问卷收集应用存在着三个用户可以调用的 Action：

1. 保存新的问卷定义

2. 删除已有的问卷

3. 记录问卷结果

SurveyActions 对象可以捕获这些行为。

```
var SurveyActions = {
  save: function(survey) {...},
  delete: function(id) {...},
  record: function(results) {...}
};
```

比如一个用户拿到一份问卷——他填完了必填的表单区域后点击保存。这个鼠标点击行为（Action）被映射为 onSave 方法调用。

```
var TakeSurvey = React.createClass({
  ...
  handleClick: function() {
    this.props.onSave(this.state.results);
  },
  render: function(){
    return (
      <div className="survey">
      ...
      <button ... onClick={this.handleClick}>Save</button> </div>
    );
  }
});
```

控制视图 TakeSurveyCtrl 会处理这个 onSave 调用，从用户的保存行为映射到 Store 记录数据的 Action。

```
var TakeSurveyCtrl = React.createClass({
  ...
  handleSurveySave: function(results) {
    SurveyActions.record(results);
  },
  render: function () {
    var props = merge({}, this.state.survey, {
      onSave: this.handleSurveySave
    });
    return TakeSurvey(props);
  }
});
```

就这样用户行为通过组件进入 Dispatcher。在这个过程当中用户行为被映射为 Action，也就是 Flux 应用的 DSL。

Store

Store 负责封装应用的业务逻辑与应用数据交互。Store 通过注册 Action 来选择响应哪些 Action。Store 把内部的数据通过更改时的 change 事件发送到 React 的组件当中。

保持 Store 严格的独立非常重要。

- Store 中包含应用所有的数据。
- 应用其他任何部分都不知道怎样操作数据——Store 是应用中唯一的数据发生改变的地方。
- Store 没有赋值——所有的更改都是由 Dispatcher 发送到 Store 的。新的数据随着 Store 的更改事件传送回到应用当中。

根据上面的例子，用户保存他们的问卷结果时，Dispatcher 将保存数据的 Action 发送到 Store。

```
Dispatcher.register(function(payload) {
  switch(payload.actionType) {
    ...
    case SurveyConstants.RECORD_SURVEY:
```

React：引领未来的用户界面开发框架

```
      SurveyStore.recordSurvey(payload.results);
      break;
  }
});
```

Store 接收到 Action，执行保存结果的代码，完成保存之后触发 change 事件。

```
SurveyStore.prototype.recordSurvey = function(results) {
  // 在这里完成保存结果的操作
  this.emitChange();
}
```

change 事件由 app.js 定义的控制视图来处理，新的状态会发送到 React 组件的各个层级，同时组件将会按照需要重新渲染。

控制视图

应用的组件层级一般会有一个顶层的组件负责与 Store 交互。简单的应用只有一个控制视图，复杂一些的应用可能会有多个。

在示例的应用中，控制视图 App 在 app.js 文件中定义。可以通过以下几个步骤完成 Store 的关联。

1. 当组件被挂载，添加 change 事件监听器。
2. 当 Store 发生改变，组件按照需要重新请求数据并完成相应的操作。
3. 当组件被卸载，清除 change 事件监听器。

下面是 app.js 中与 Store 交互的代码片段。

```
var App = React.createClass({
  handleChange: function() {
    SurveyStore.listSurveys(function(surveys) {
      // 处理问卷的数据
    });
  },
  componentDidMount: function() {
    SurveyStore.addChangeListener(this.handleChange);
  },
  componentWillUnmount: function() {
```

```
    SurveyStore.removeChangeListener(this.handleChange);
  },
  ...
});
```

管理多个 Store

简单的问卷应用只需要一个 Store，但是难以避免应用扩张到一定程度，需要有多个 Store。当一个 Store 依赖另一个的时候，数据的关系会变得复杂，比如一个 Store 要在另一个 Store 响应同一个 Action 之前先完成自身的调用。

例如，我们需要一个额外的 Store 来管理问卷结果的摘要，对所有问卷调查者的结果进行计分。这个摘要的 Store 需要在记录主要数据的 Store 更新之前完成它自身的记录行为（Action）。

这需要做一些改进：

- Dispatcher 需要更新，以支持 Action 队列执行。
- 需要能够告诉 Dispatcher 等待某个 Action 完成的能力。
- Dispatcher 上注册的回调要定义它们等待哪一个 Action 完成后才执行。

上述任何一项都不是 Store 应该负责的。执行 Action 队列是 Dispatcher 需要做的，我们通过 Dispatcher 注册的方法控制着调用 Store 的流。因此，负责这项工作的是注册在 Dispatcher 上的函数。

全面地重构 Dispatcher 超出了本节讨论的范围。这里讨论的是一些关于管理多个 Store 的主要的知识点，到 *https://github.com/facebook/flux* 可以找到完整的解决方案。

更新 Dispatcher

当前的 Dispatcher 只是简单地把新的回调追加到一个数组当中。然而，为了维护顺序就需要追踪每个回调。因此我们对 Dispatcher 进行重构，给每个注册的回调赋一个 id。这个 id 就是一个标记，其他的回调可以用来告诉 Dispatcher 它们需要等待另一个 Store 的执行。

```
Dispatcher.prototype.register = function(callback) {
  var id = uniqueId('ID-');
  this.handlers[id] = {
    isPending: false,
    isHandled: false,
```

React：引领未来的用户界面开发框架

```
    callback: callback
  };
  return id;
};
```

接下来，我们添加一个 waitFor 方法用来告诉 Store 在执行之前先调用特定的回调。waitFor
函数大概是下面这样，把从 register 函数返回的一列 id 传入，保证它们在调用之前被执行。

```
Dispatcher.prototype.waitFor = function(ids) {
  for (var i = 0; i < ids.length; i++) {
    var id = ids[i];
    if(!this.isPending[id] && !this.isHandled[id]) {
      this.invokeCallback(id);
    }
  }
};
```

注册依赖行为

现在我们有两个关注 RECORD_SURVEY Action 的 Store。

- SurveyStore 需要记录问卷结果。
- SurveySummaryStore 需要统计全部结果。

这意味着 SurveySummaryStore 需要在 SurveyStore 完成 RECORD_SURVEY 的 Action 之后才能
完成自己的工作。

在应用的顶层注册 SurveyStore 时，我们记录一个 dispatcher token。

```
// 在 SurveyStore 上绑定 action dispatcher
SurveyStore.dispatchToken = Dispatcher.register(function(payload) {
  switch(payload.actionType) {
    ...
    case SurveyConstants.RECORD_SURVEY:
      SurveyStore.recordSurvey(payload.results);
      break;
    ...
  }
});
```

然后注册新的 SurveySummaryStore，把调用 waitFor 放在访问 SurveyStore 之前。

```
SurveySummaryStore.dispatchToken = Dispatcher.register(function(payload) {
  switch(payload.actionType) {
    case SurveyConstants.RECORD_SURVEY:
      Dispatcher.waitFor(SurveyStore.dispatchToken);
      // 到这里保证了 SurveyStore 回调已经运行
      // 然后我们可以安全地访问其数据进行统计
      SurveySummaryStore.summarize(SurveyStore.listSurveys());
      break;
    }
  }
});
```

总结

现在你已经看过 React 怎样和很多当今的架构模式一起使用，从把 React 集成进一个使用传统 MVC 的项目，到用一个新的模式比如 Flux 开发新项目，React 表现出了很强的适应性。

除了可以适应多种架构模式之外，React 还能跟一些类库搭配使用。接下来，你会读到如何在桌面应用、游戏、邮件以及图表当中使用 React。

第 *17* 章

其他使用场景

React 不仅是一个强大的交互式 UI 渲染类库，而且还提供了一个用于处理数据和用户输入的绝佳方法。它倡导可重用并且易于测试的轻量级组件。不仅在 Web 应用中，这些重要的特性同样适用于其他的技术场景。

在这一章，我们将会看到如何在下面的场景中使用 React：

- 桌面应用
- 游戏
- 电子邮件
- 绘图

桌面应用

借助 atom-shell 或者 node-webkit 这类项目，我们可以在桌面上运行一个 Web 应用。来自 Github 的 Atom Editor 就是使用 atom-shell 以及 React 创建的。

将 atom-shell 应用于我们的 SurveyBuilder。

> 我们有一个贯穿全书的示例项目，一个问卷制作工具，你可以在 *https: //github.com/backstopmedia/bleeding-edge-sample-app* 阅读全部源码。

首先，从 *https://github.com/atom/atom-shell* 下载并且安装 atom-shell。使用下面的 desktop 脚本运行 atom-shell ，就可以在窗口中打开该应用。

```javascript
// desktop.js
var app = require('app');
var BrowserWindow = require('browser-window');
// 加载 SurveyBuilder 服务，然后启动它。
var server = require('./server/server');
server.listen('8080');
// 向我们的服务提供崩溃报告。
require('crash-reporter').start();
// 保留 window 对象的一个全局引用。
// 当 javascript 对象被当作垃圾回收时，窗口将会自动关闭。
var mainWindow = null;
// 当所有窗口都关闭时退出。
app.on('window-all-closed', function() {
  if (process.platform != 'darwin')
    app.quit();
});
// 当 atom-shell 完成所有初始化工作并准备创建浏览器窗口时，会调用下面的方法。
app.on('ready', function() {
  // 创建浏览器窗口。
  mainWindow = new BrowserWindow({
    width: 800,
    height: 600
  });
  // 加载应用的 index.html 文件。
  // mainWindow.loadUrl('file://' + __dirname + '/index.html');
  mainWindow.loadUrl('http://localhost:8080/');
  // 在窗口关闭时触发。
  mainWindow.on('closed', function() {
    // 直接引用 window 对象，如果你的应用支持多个窗口，通常需要把 window 存储到
    // 一个数组中。此时，你需要删除相关联的元素。
    mainWindow = null;
  });
});
```

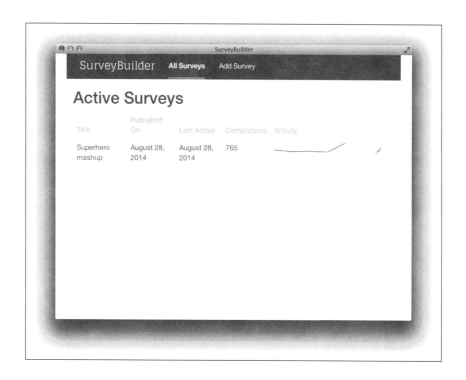

借助 atom-shell 或者 node-webkit 这类项目，我们可以将创建 web 的技术应用于创建桌面应用。就像开发 web 应用一样，React 同样可以帮助你构建强大的交互式桌面应用。

游戏

通常，游戏对用户交互有很高的要求，玩家需要及时地对游戏状态的改变做出响应。相比之下，在绝大多数 web 应用中，用户不是在消费资源就是在产生资源。本质上，游戏就是一个状态机，包括两个基本要素：

1. 更新视图
2. 响应事件

在本书概览部分，你应该已经注意到：React 关注的范畴比较窄，仅仅包括两件事：

1. 更新 DOM
2. 响应事件

React 和游戏之间的相似点远不止这些。React 的虚拟 DOM 架构成就了高性能的 3D 游戏引擎，对于每一个想要达到的视图状态，渲染引擎都保证了对视图或者 DOM 的一次有效更新。

2048 这个游戏的实现就是将 React 应用于游戏中的一个示例。这个游戏的目的是把桌面上相匹配的数字结合在一起，直到 2048。

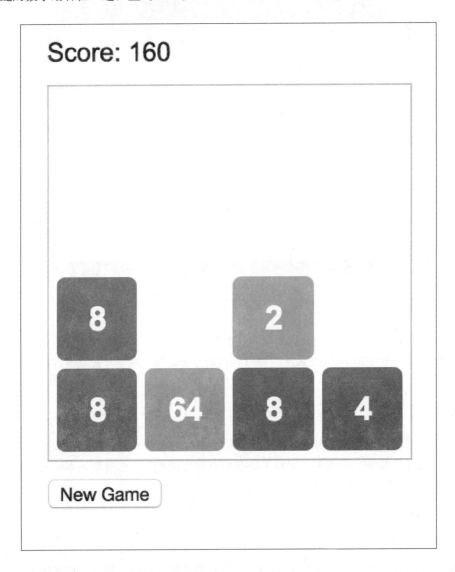

下面，深入地看一下实现过程（*http://jsfiddle.net/karlmikko/cdnh399c/*）。源码被分为两部分。第一部分是用于实现游戏逻辑的全局函数，第二部分是 React 组件。你马上会看到游戏桌面的初始数据结构。

```
var initial_board = {
  a1:null, a2:null, a3:null, a4:null,
  b1:null, b2:null, b3:null, b4:null,
```

React：引领未来的用户界面开发框架

```
    c1:null, c2:null, c3:null, c4:null,
    d1:null, d2:null, d3:null, d4:null
};
```

桌面的数据结构是一个对象，它的 key 与 CSS 中定义的虚拟网格位置直接相关。继初始化数据结构后，你将会看到一系列的函数对该给定数据结构进行操作。这些函数都按照固定的方式执行，返回一个新的桌面并且不会改变输入值。这使得游戏逻辑更清晰，因为可以将在数字方块移动前后的桌面数据结构进行比较，并且在不改变游戏状态的情况下推测出下一步。

关于数据结构，另一个有趣的属性是数字方块之间在结构上共享。所有的桌面共享了对桌面上未改变过的数字方块的引用。这使得创建一个新桌面非常快，并且可以通过判断引用是否相同来比较桌面。

这个游戏由两个 React 组件构成，GameBoard 和 Tiles。

Tiles 是一个简单的 React 组件。每当给它的 props 指定一个 board，它总会渲染出完整的 Tiles 。这给了我们利用 CSS3 transition 实现动画的机会。

```
var Tiles = React.createClass({
  render: function(){
    var board = this.props.board;
    // 首先，将桌面的 key 排序，停止 DOM 元素的重组。
    var tiles = used_spaces(board).sort(function(a, b) {
      return board[a].id - board[b].id;
    });
    return (
      <div className="board">
        {tiles.map(function(key){
          var tile = board[key];
          var val = tile_value(tile);
          return (
            <span key={tile.id} className={key + " value" + val}>
              {val}
            </span>
          );
        })}
      </div>
    );
```

```
  }
});
```

<!-- 渲染数字方块后的输出示例 -->
```
<div class="board" data-reactid=".0.1">
  <span class="d2 value64" data-reactid=".0.1.$2">64</span>
  <span class="d1 value8" data-reactid=".0.1.$27">8</span>
  <span class="c1 value8" data-reactid=".0.1.$28">8</span>
  <span class="d3 value8" data-reactid=".0.1.$32">8</span>
</div>
```

```
/* 将 CSS transistion 应用于数字方块上的动画 */
.board span{
  /* ... */
  transition: all 100ms linear;
}
```

GameBoard 是一个状态机,用于响应按下方向键这一用户事件,并与游戏的逻辑功能进行交互,然后用一个新的桌面来更新状态。

```
var GameBoard = React.createClass({
  getInitialState: function() {
    return this.addTile(this.addTile(initial_board));
  },
  keyHandler: function(e) {
    var directions = {
      37 : left,
      38 : up,
      39 : right,
      40 : down
    };
    if (directions[e.keyCode]
    && this.setBoard(fold_board(this.state, directions[e.keyCode]))
    && Math.floor(Math.random() * 30, 0) > 0) {
      setTimeout(function() {
        this.setBoard(this.addTile(this.state));
      }.bind(this), 100);
    }
```

React:引领未来的用户界面开发框架

```
    },
    setBoard: function(new_board) {
      if (!same_board(this.state, new_board)) {
        this.setState(new_board);
        return true;
      }
      return false;
    },
    addTile: function(board) {
      var location = available_spaces(board).sort(function() {
        return.5 - Math.random();
      }).pop();
      if (location) {
        var two_or_four = Math.floor(Math.random() * 2, 0) ? 2 : 4;
        return set_tile(board, location, new_tile(two_or_four));
      }
      return board;
    },
    newGame: function() {
      this.setState(this.getInitialState());
    },
    componentDidMount: function() {
      window.addEventListener("keydown", this.keyHandler, false);
    },
    render: function() {
      var status = !can_move(this.state) ? " - Game Over!": "";
      return (
        <div className = "app" >
          <span className = "score" >
            Score: {score_board(this.state)} {status}
          </span>
          <Tiles board={this.state}/ >
          <button onClick={this.newGame}> New Game </button>
        </div >
      );
```

```
    }
});
```

在 GameBoard 组件中，我们初始化了用于和桌面交互的键盘监听器。每一次按下方向键，我们都会去调用 setBoard，该方法的参数是游戏逻辑中新创建的桌面。如果新桌面和原来的不同，我们会更新 GameBoard 组件的状态。这避免了不必要的函数执行，同时提升了性能。

在 render 方法中，我们渲染了当前桌面上的所有 Tile 组件。通过计算游戏逻辑中的桌面并渲染出得分。

每当我们按下方向键时，addTile 方法会保证在桌面上添加新的数字方块。直到桌面已经满了，没有新的数字可以结合时，游戏结束。

基于以上的实现，为这个游戏添加一个撤销功能就很容易了。我们可以把所有桌面的变化历史保存在 GameBoard 组件的状态中，并且在当前桌面上新增一个撤销按钮 (*http://jsfiddle.net/karlmikko/ouxn3qc1/*)。

这个游戏实现起来非常简单。借助 React，开发者仅聚焦在游戏逻辑和用户交互上即可，不必去关心如何保证视图上的同步。

电子邮件

尽管 React 在创建 web 交互式 UI 上做了优化，但它的核心还是渲染 HTML。这意味着，我们在编写 React 应用时的诸多优势，同样可以用来编写令人头疼的 HTML 电子邮件。

创建 HTML 电子邮件需要将许多的 table 在每个客户端上进行精准地渲染。想要编写电子邮件，你可能要回溯到几年以前，就像是回到 1999 年编写 HTML 一样。

在多终端下成功地渲染邮件并不是一件简单的事。在我们使用 React 来完成设计的过程中，可能会碰到若干挑战，不过这些挑战与是否使用 React 无关。

用 React 为电子邮件渲染 HTML 的核心是 React.renderToStaticMarkup。这个函数返回了一个包含了完整组件树的 HTML 字符串，指定了最外层的组件。React.renderToStaticMarkup 和 React.renderToString 之间唯一的区别就是前者不会创建额外的 DOM 属性，比如 React 用于在客户端索引 DOM 的 data-react-id 属性。因为电子邮件客户端并不在浏览器中运行——我们也就不需要那些属性了。

使用 React 创建一个电子邮件，下图中的设计应该分别应用于 PC 端和移动端：

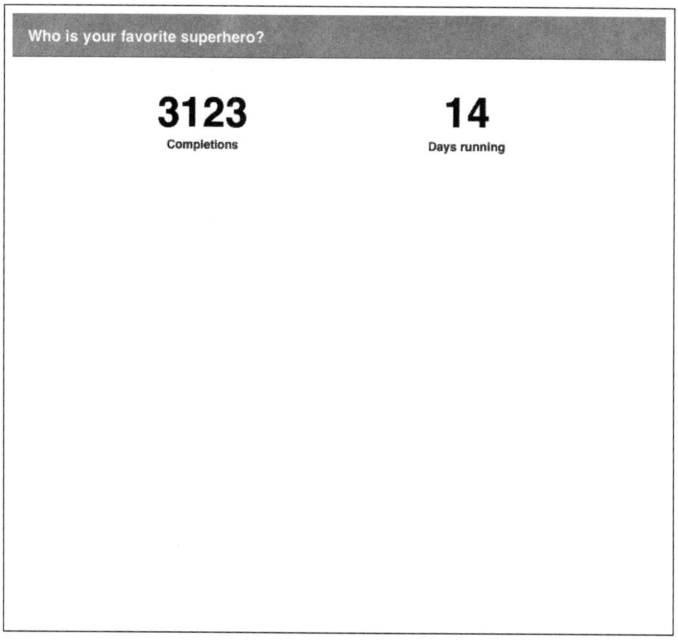
Who is your favorite superhero?
3123
Completions
14
Days running

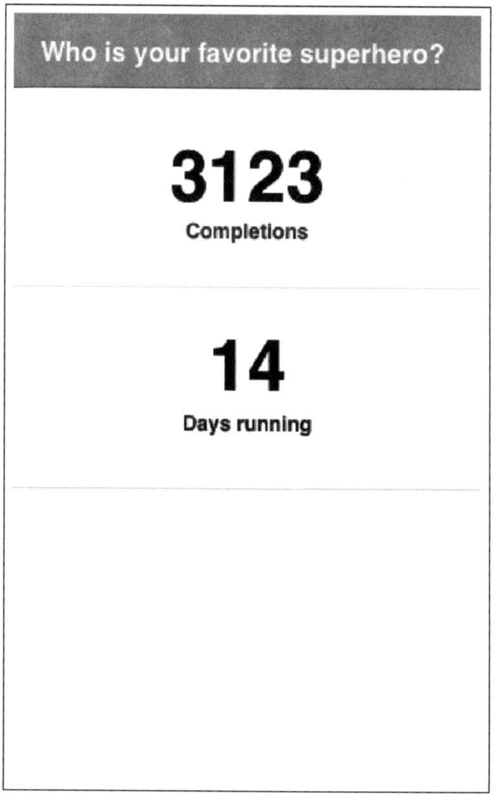
Who is your favorite superhero?
3123
Completions
14
Days running

为了渲染出电子邮件，我写了一小段脚本，输出用于发送电子邮件的 HTML 结构：

```
// render_email.js
var React = require('react');
var SurveyEmail = require('survey_email');
var survey = {};
console.log(
  React.renderToStaticMarkup(<SurveyEmail survey={survey}/>)
);
```

我们看一下 SurveyEmail 的核心结构。首先，创建一个 Email 组件：

```
var Email = React.createClass({
  render: function () {
    return (
      <html>
        <body>
          {this.prop.children}
        </body>
      </html>
    );
  }
});
```

<SurveyEmail/> 组件中嵌套了 <Email/>。

```
var SurveyEmail = React.createClass({
  propTypes: {
    survey: React.PropTypes.object.isRequired
  },
  render: function () {
    var survey = this.props.survey;
    return (
      <Email>
        <h2>{survey.title}</h2>
      </Email>
    );
  }
});
```

　　　　　　　　　　　　　　　React：引领未来的用户界面开发框架

接下来，按照给定的两种设计分别渲染出这两个 KPI，在 PC 端上左右相邻排版，在移动设备中上下堆放排版。每一个 KPI 在结构上相似，所以他们可以共享同一个组件：

```
var SurveyEmail = React.createClass({
  render: function () {
    return (
      <table className='kpi'>
        <tr>
          <td>{this.props.kpi}</td>
        </tr>
        <tr>
          <td>{this.props.label}</td>
        </tr>
      </table>
    );
  }
});
```

把它们添加到 <SurveyEmail/> 组件中：

```
var SurveyEmail = React.createClass({
  propTypes: {
    survey: React.PropTypes.object.isRequired
  },
  render: function () {
    var survey = this.props.survey;
    var completions = survey.activity.reduce(function (memo,ac){
      return memo + a;
    }, 0);
    var daysRunning = survey.activity.length;
    return (
      <Email>
        <h2>{survey.title}</h2>
        <KPI kpi={completions} label='Completions'/>
        <KPI kpi={daysRunning} label='Days running'/>
      </Email>
    );
```

```
    }
});
```

这里实现了将 KPI 上下堆放的排版，但是在 PC 端我们的设计是左右相邻排版。现在的挑战是，让它既能在 PC 又能在移动设备上工作。首先我们应解决下面几个问题。

通过添加 CSS 文件的方式美化 <Email/>：

```
var fs = require('fs');
var Email = React.createClass({
  propTypes: {
    responsiveCSSFile: React.PropTypes.string
  },
  render: function () {
    var responsiveCSSFile = this.props.responsiveCSSFile;
    var styles;
      if (responsiveCSSFile) {
        styles = <style>{fs.readFileSync(responsiveCSSFile)}</style>;
      }
      return (
        <html>
          <body>
            {styles}
            {this.prop.children}
          </body>
        </html>
      );
  }
});
```

完成后的 <SurveyEmail/> 如下：

```
var SurveyEmail = React.createClass({
  propTypes: {
    survey: React.PropTypes.object.isRequired
  },
  render: function () {
    var survey = this.props.survey;
    var completions = survey.activity.reduce(function (memo, ac) {
```

　　　　　　　　　　　　　　　React：引领未来的用户界面开发框架

```
        return memo + a;
      }, 0);
      var daysRunning = survey.activity.length;
      return (
        <Email responsiveCSS='path/to/mobile.css'>
          <h2>{survey.title}</h2>
          <table className='for-desktop'>
            <tr>
              <td>
                <KPI kpi={completions} label='Completions'/>
              </td>
              <td>
                <KPI kpi={daysRunning} label='Days running'/>
              </td>
            </tr>
          </table>
          <div className='for-mobile'>
            <KPI kpi={completions} label='Completions'/>
            <KPI kpi={daysRunning} label='Days running'/>
          </div>
        </Email>
      );
    }
});
```

我们把电子邮件按照 PC 端和移动端进行了分组。不幸的是，在电子邮件中我们无法使用 float: left，因为大多数的浏览器并不支持它。还有 HTML 标签中的 align 和 valign 属性已经被废弃，因而 React 也不支持这些属性。不过，他们已经提供了一个类似的实现可用于浮动两个 div。而事实上，我们使用了两个分组，通过响应式的样式表，依据屏幕尺寸的大小来控制显示或隐藏。

尽管我们使用了表格，但有一点很明确，使用 React 渲染电子邮件和编写浏览器端的响应式 UI 有着同样的优势：组件的重用性、可组合性以及可测试性。

绘图

在我们的 Survey Builder 示例应用中，我们想要绘制出在公共关系活动日当天，某次调查的完成数量的图表。我们想把完成数量在我们的调查表中表现成一个简单的走势图，一眼就可以看出调查的完成情况。

React 支持 SVG 标签，因而制作简单的 SVG 就变得很容易。

为了渲染出走势图，我们还需要一个带有一组指令的 <Path/>。

完成后的示例如下：

```
var Sparkline = React.createClass({
  propTypes: {
    points: React.PropTypes.arrayOf(React.PropTypes.number).isRequired
  },
  render: function () {
    var width = 200;
    var height = 20;
    var path = this.generatePath(width, height, this.props.points);
    return (
      <svg width={width} height={height}>
        <path d={path} stroke='#7ED321' strokeWidth='2' fill='none'/>
      </svg>
    );
  },
  generatePath: function (width, height, points){
    var maxHeight = arrMax(points);
    var maxWidth = points.length;
    return points.map(function (p, i) {
      var xPct = i / maxWidth * 100;
      var x = (width / 100) * xPct;
      var yPct = 100 - (p / maxHeight * 100);
      var y = (height / 100) * yPct;
      if (i === 0) {
        return 'M0,' + y;
      } else {
        return 'L' + x + ',' + y;
```

React：引领未来的用户界面开发框架

```
      }
    }).join(' ');
  }
});
```

上面的 Sparkline 组件需要一组表示坐标的数字。然后，使用 path 创建一个简单的 SVG。

有趣的部分是，在 generatePath 函数中计算每个坐标应该在哪里渲染并返回一个 SVG 路径的描述。

它返回了一个像 "M0,30 L10,20 L20,50" 一样的字符串。SVG 路径将它翻译为绘制指令。指令间通过空格分开。"M0,30" 意味着将指针移动到 x0 和 y30。同理，"L10,20" 意味着从当前指针位置画一条指向 x10 和 y20 的线，以此类推。

以同样的方式为大型的图表编写 scale 函数可能有一点枯燥。但是，如果使用 D3 这样的类库编写就会变得非常简单，并且 D3 提供的 scale 函数可用于取代手动地创建路径，就像这样：

```
var Sparkline = React.createClass({
  propTypes: {
    points: React.PropTypes.arrayOf(React.PropTypes.number).isRequired
  },
  render: function () {
    var width = 200;
    var height = 20;
    var points = this.props.points.map(function (p, i) {
      return { y: p, x: i };
    });
    var xScale = d3.scale.linear()
      .domain([0, points.length])
      .range([0, width]);
    var yScale = d3.scale.linear()
      .domain([0, arrMax(this.props.points)])
      .range([height, 0]);
    var line = d3.svg.line()
      .x(function (d) { return xScale(d.x) })
      .y(function (d) { return yScale(d.y) })
      .interpolate('linear');
    return (
      <svg width={width} height={height}>
```

```
    <path d={line(points)} stroke='#7ED321' strokeWidth='2' fill='none'/>
  </svg>
  );
 }
});
```

总结

在这一章里我们学到了：

1. React 不只局限于浏览器，还可被用于创建桌面应用以及电子邮件。

2. React 如何辅助游戏开发。

3. 使用 React 创建图表是一个非常可行的方式，配合 D3 这样的类库会表现得更出色。

恭喜！你现在已经读完了整本书，并且能够使用 React 创建各种各样的有趣应用了。